생명이 있는 것은 다 아름답다

최재천의
동물과 인간 이야기

생명이 있는 것은
다 아름답다

최재천 지음

효형출판

삶은 어떤 형태로든 결국 아름다울 수밖에 없다는 걸
일깨워 주는 내 인생의 가장 소중한 두 생명,
아내와 아들에게 이 책을 바칩니다.

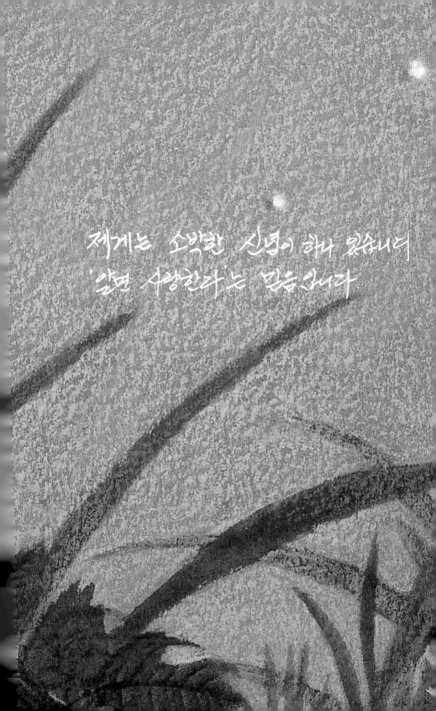

제게는 소박한 신념이 하나 있습니다
'알면 사랑한다'는 믿음입니다

알면 사랑한다
동물 속에 인간이 보인다
생명, 그 아름다움에 대하여
함께 사는 세상을 꿈꾼다

생명이 있는 것은 다 아름답다

저는 어려서부터 글쟁이가 되고 싶었습니다. 자연과학을 하는 사람의 고백치곤 좀 어쭙잖겠지만 아홉 살 때부터 시를 쓰기 시작했습니다. 큰삼촌이 검은 끈으로 묶어 준 하얀 백지 묶음을 끼고 강이 내려다보이는 언덕을 찾곤 했습니다. 학교 교지에 '동시' 몇 편 실은 걸 빼곤 어디 변변하게 시다운 시 한 편 발표한 것도 아닌 주제에 감히 어려서부터 시를 썼노라고 떠들 수 있으랴만 단 몇 줄의 시를 쓰기 위해 며칠씩 가슴을 졸인 경험 정도는 있다는 말입니다.

고등학교 시절 한동안은 조각에 푹 빠져 미대에 가려는 꿈을 꾸기도 했습니다. 문학이나 예술을 하려다 무슨 운명의 장난인지 이른바 이과에 배치된 이 불행한 소년에게 그래도 가장 문과 냄새가 나는 자연과학 분야는 생물학뿐이었습니다. 어려서 아버지를 따라 상경하여 학교는 서울에서 다녔지만 방학이란 방학은 대부분 대관령 기슭과 동해 바닷가 사이의 고향 할아버지 댁에서 보낸 제게 동물을 공부할 수 있다는 것은 상당한 위안이었습니다.

문학도의 꿈을 접은 지 여러 해가 지난 오늘, 저는 동물 행동학자가 되어 돌아왔습니다. 그러나 저는 지금 그 어느 문인 못지않게 왕성한 집필 활동을 하고 있습니다. 제가 쓰는 글은 거의 모두 생명이 그 주제입니다. 돌이켜 보면 저는 늘 생명에 대해 고민하며 살아온 것 같습니다. 생명의 아름다움을 시로 표현하려 했고 생명의 모습을 깎아 보려 하다가 이제는 아예 그 속을 헤집고 있답니다.

저는 제가 자연과학을 하게 된 것을 무척 다행스럽게 생각합니다. 과학자치고 제법 글 흉내를 낸다고 생각해 주시는 덕에 겁 없이 글을 뿌리며 삽니다. 또 자연과학 중에서도 동물의 행동과 생태를 공부한 덕에 평생 글만 써 온 이들에 비해 소재가 풍부한 편입니다. 저 광활한 자연에서 퍼 오는 제 글의 소재는 아마 쉽게 마르지 않을 듯싶습니다.

이 책에 모아 놓은 글들은 제가 지난 몇 년간 신문이나 잡지에 실었던 것들입니다. 일일이 어디라고 밝히진 않겠지만 지면을 허락해 준 그들의 너그러움에 고개를 숙입니다.

잡지는 덜한데 신문에 실었던 글들은 그대로 책 속에 쏟아 붓기 어려웠습니다. 책이라는 새로운 틀에 맞도록 글을 다듬는 과정에서 우연히 어렸을 때 써 두었던 일기장을 펼쳐 보는 듯한 부끄러움에 얼굴이 화끈거린 적이 한두 번이 아니었습니다. 그만큼 제가 성숙하고 있다는 증거이려니 하며 스스로를 달래기로 했습니다. 낡은 일기장을 등 뒤에 감추고 끙끙거리는 저를 넓고 따뜻한 마음으로 감싸 주신 효형출판 식구들에게 감사드립니다.

언론 매체에 담았던 것들이라 제 글들은 종종 시사성을 띱니다. 그러다 보니 다른 동물들도 그런데 우리도 이래야 하지 않느냐는 식의 이른바 '자연주의적 오류'를 범하게 됩니다. 되도록 범하지 않으려 노력했지만 때로 그 유혹을 뿌리치지 못했음을 고백합니다. 하지만 사과는 하지 않겠습니다. 어떨 때는 정말 우리가 동물만도 못하다는 생각을 떨칠 수가 없습니다. 인간이라는 위선의 탈을 벗고 지극히 동물적으로 살아도 이보다는 나을 것 같다는 울화가 치밀 때가 언뜻언뜻 있습니다.

하지만 제게는 소박한 신념이 하나 있습니다. '알면 사랑한다'는 믿음입니다. 서로 잘 모르기 때문에 미워하고 시기한다고 믿습니다. 아무리 돌에 맞아 싼 사람도 왜 그런 일을 저질러야만 했는지를 알고 나면 사랑할 수밖에 없는 게 우리들 심성입니다. 동물들이 사는 모습을 알면 알수록 그들을 더욱 사랑하게 되는 것은 물론, 우리 스스로도 더 사랑하게 된다는 믿음으로 이 글들을 썼습니다.

"호기심이 고양이를 죽인다"는 서양 속담이 있지만 앎에 대한 열정이라면 우리 인간을 당하겠습니까. 죽는 날까지 줄곧 동물들의 세계를 들여다보며 그들이 살아가는 이런저런 모습들을 그리렵니다. 그러다 보면 생명도 제 앞에서 하나둘씩 옷을 벗고 언젠가 그 하얀 속살을 내보이겠지요.

2000년 겨울 관악산 기슭에서
최재천

20년 만에 드리는 인사

『생명이 있는 것은 다 아름답다』가 처음 세상에 나온 때가 2001년 1월이었으니 어언 20년이 훌쩍 넘었습니다. 옛말에 따르면 강산이 두 번이나 변했을 시간입니다. 강산이 무슨 시간을 정해 놓고 주기적으로 변하는 건 아니겠지만, 돌이켜 보면 참 많은 일이 있었습니다. 정치를 두고 생물이라 하나요? 책이야말로 진정 살아 숨 쉬는 생명체입니다. 항간에 '생명책'이라는 애칭으로 불리는 이 책의 여정은 아름다움 그 자체입니다. 생명이 있는 것은 진정 다 아름답습니다.

책이 세상이 나온 지 바로 이듬해인 2002년 7차 교육과정 고등학교 국어 교과서 첫 단원에 '황소개구리와 우리말'이 실리며 '생명책'은 전혀 새로운 삶을 살게 되었습니다. 이 땅의 모든 10대들이 고등학교에 들어가자마자 맨 처음 마주치는 글이 된 것입니다. 전국 각처의 고등학교에서 강연 요청이 쇄도했습니다. 고등학교에 도착해 운동장을 가로질러 걷다 보면 어디선가 교실 창문이 열리며 "야, 황소개구리 왔다"는 환호가 쏟아지곤 했습니다. 제가 개구리로 환생

한 겁니다. 요즘도 가끔 당시 그 교과서로 공부한 '어른들'을 만납니다. 이 책은 이렇게 제 삶이 되어 버렸습니다.

1999년 저는 이미 '물 건너갔다'는 주변의 만류에도 불구하고 김대중 대통령께 동강댐 건설을 멈춰 딜라는 호소의 시론을 썼습니다. "환경은 역사적 유물과 달리 우리가 다음 세대에게 잠시 빌려 쓴 후 돌려줘야 하는 것이다. 대통령님께 손자와 함께 동강에 한번 다녀오실 것을 권유한다"고 썼는데, 첫 삽 뜰 준비까지 마쳐 그야말로 물 건너간 것처럼 보였던 건설 계획이 거짓말처럼 전면 백지화되는 일이 벌어졌습니다. 이 뜻밖의 쾌거로 저는 졸지에 학자의 삶과 더불어 험난한 환경 운동가의 길을 걷게 되었습니다. 2007년 환경운동연합의 공동 대표로 추대되어 그 당시 우리 정부가 밀어붙이던 대운하·4대강 사업을 막아 보려 글도 쓰고 강연도 수없이 많이 했건만 끝내 그 '거대한 삽질'로부터 흰수마자와 꼬마물떼새를 구해 내지는 못했습니다.

탐욕의 포크레인으로부터 그 많은 수서 곤충, 민물고기,

그리고 물새들을 건져 내지 못한 저에게는 도리어 계좌 추적, 세무 조사, 연구비 중단 등 뜻하지 않은 세례가 쏟아졌습니다. 그 어려운 고난의 시절에도 '생명책'은 늘 저를 굳건히 붙들어 주었습니다. 흔들리고 무너지기는커녕 2013년 저는 그 유명한 제인 구달 선생님과 더불어 생명다양성재단을 설립했습니다. 재단의 영문명은 어렵지 않게 'The Biodiversity Foundation'으로 정했습니다. 하지만 그 이름을 그대로 우리말로 바꾸면 '생물다양성재단'이 되는데, 사람들은 우리를 너무나 쉽게 황소개구리의 폐해나 막고 반달가슴곰 복원 사업에나 참여하는 단체쯤으로 여기는 것 같았습니다. 재단의 가장 중요한 목표 중의 하나는 구달 박사가 이끄는 '뿌리와 새싹Roots & Shoots' 운동을 우리나라에도 뿌리내리고 싹 틔우는 것이었습니다. '뿌리와 새싹'은 1991년 탄자니아에서 16명의 젊은이가 모여 시작한 환경운동인데, 이웃, 동물, 환경 중 어느 것이든 선택하여 나름대로 의미 있는 활동을 기획하여 추진하면 누구나 시작할 수 있는 운동입니다. 영어권 사람들에게는 'Biodiversity'라는 단어가 이 세 주제를 모두 아우르는 개념으로 이해되는데, 무슨 까닭인지 우리나라 사람들은 '생물다양성'을 기껏해야 멸종위기종에나 관련된 개념 정도로 받아들이는 것 같았습니다. 재단 명칭을 두고 숙고에 숙고를 거듭하던 저는 글자 하나만 바꾸는 것으로 마음을 정했습니다. 그런데 참으로 신기하게도 사람들은 '생명다양성'을 '생물다양성'보다 훨씬 더 포괄적인 개념으로 받아들입니다. '생명'의 힘은 이렇게 넓고 큽니다.

2013년 말에는 제가 팔자에 없던 행정직을 맡았습니다. 평생 대학 교수로 살면서 그 흔한 보직을 단 한 차례도 맡지 않은 제가 환경부 신설 기관인 국립생태원의 초대 원장으로 일하게 됐습니다. 사실 저는 환경부의 요청으로 2008년 1년을 송두리째 바쳐 국립생태원 설립에 관한 기획 연구를 했던 터라 밑그림을 그린 사람이 터전도 닦아야 한다는 요구를 거절하기 어려웠습니다. 난생 처음 국가 기관의 수장이 되니, 그것도 신설 기관이다 보니 참 별의별 일을 다 해야 하더군요. 기관의 미션Mission과 비전Vision, 그리고 무엇보다도 핵심 가치를 제정해야 했습니다. 제가 국립생태원의 핵심 가치로 선정한 '생명 사랑, 다양성, 창발, 멋'의 맨 앞을 생명이 이끌고 있습니다. 생명은 이렇듯 나의 삶 전부가 되어 가고 있습니다.

『생명이 있는 것은 다 아름답다』가 출간된 후 20년이 흐르는 동안 우리 사회에서 가장 중요한 화두로 떠오른 것은 단연 기후 변화일 것입니다. 2019년 겨울부터 지구촌 인류 전체를 통째로 삼켜 버린 코로나19도 크게 보면 기후 변화가 일으킨 생명 재앙입니다. '코로나19 일상회복지원위원회' 공동 위원장의 중책이 제게 주어진 배후에도 당연히 생명의 소중함에 대한 사회적 합의가 있었으리라 생각합니다.

사람이 책을 만들면 그 책이 도리어 사람을 만든다 했나요? 20여 년 전 제가 이 '생명책'을 썼습니다만, 그 후의 제 삶은 오롯이 이 책 나름의 궤적을 따라 펼쳐졌다고 해도 지나치지 않습니다. 지난 20년은 제 삶에서 가장 역동적인 기간이었고, 그 시간을 이 책이 함께 동행했습니다. 그 길을 같이 걸어 주신 독자 여러분, 고맙습니다. 사랑합니다.

2022년 새봄을 맞으며
최재천

목차

글을 시작하며 10

20년 만에 드리는 인사 14

동물 속에
인간이 보인다

함께 사는

세상을 꿈꾼다

알면 사랑한다

일러두기

- 2001년 이 책이 처음 출간된 이래 우리 사회는 사뭇 변화했다. 대표적인 것으로 호주제, 주 5일 근무제 등을 꼽을 수 있다. 이렇듯 변화한 사회 제도에 대해서는 각주로 관련 설명을 달았다.
- 동물의 명칭 표기 방식은 2022년 국립국어원 맞춤법의 기본 원칙을 따랐다.
- 책은 『』, 신문과 잡지는 《》, 그 외의 그림, 영화, 문학 작품 등은 〈〉으로 구분했다.

동물도 남의 자식 입양한다

다른 암컷의 알을 품는 타조

1985년 미국 스미스소니언 열대연구소의 박사 과정 연구원이 되어 파나마에 도착한 이튿날, 지도 교수인 에버하드 박사가 야외 연구소로 날 보러 왔다. 열 살쯤 돼 보이는 소년을 데리고 왔는데 아빠와 닮은 곳이라곤 찾아보기 힘들건만 내게 아들이라고 소개했다. 나중에 안 사실이지만 에버하드 박사가 에콰도르에 살던 시절 그곳 고아원에서 입양하여 기르는 아들이었다.

하루 일과를 마치고 돌아가는 뱃전에서 그 부자가 나누는 대화에 자연스레 귀동냥하게 되었다. 아들이 아빠에게 물었다. 왜 고아원에 있던 많은 아이들 중에 자기를 골랐느냐고. "나와 네 엄마가 그 방에 들어섰을 때 가장 먼저 우리를 쳐다보고 계속 우리 눈을 뚫어지게 바라보던 아이가 바로 너였다"고 아빠가 대답했다. 그는 아들에게 입양 사실을 전혀 숨기지 않았고 어떻게 입양하게 되었는지도 허물없이 이야기하며 아이를 키우는 것이었다. 또 그 아이를 자기 몸에서 나온 자식 못지않게 사랑한다는 사실도 숨기지 않았다.

우리나라는 '입양아 수출국*'이라는 별로 자랑스럽지 못한 별명을 갖고 있다. 물론 처음에는 전쟁으로 부모를 잃은 고아들에게 따뜻하게 먹이고 재워 줄 가정을 찾아 준다는 취지였겠지만 어느새 개인과 사회가 작은 생명들에 대한 책임을 회피하기 위한 수단이 되고 말았다.

국제적인 수치라며 해외 입양을 반대하는 목소리도 높지만 정작 이렇다 할 대안이 없는 가운데 애꿎은 아이들만 점점 더 불쌍한 처지로 내몰리고 있다. 가장 확실한 대안으로 국내 입양을 권장하고 있으나 우리나라 사람들은 무슨 이유에서인지 남의 아이를 데려다 키우는 데 매우 인색하다.

스스로 단일 민족이라 부르짖으며 순수 혈통을 고집하는 어리석음이 한 몫을 할지도 모른다고 생각하면 생물학자인 나로서는 참으로 한심하다는 생각을 금할 수 없다. 반도는 생물들이 대륙에서 섬으로 이동하는 길목이다. 작은 반도 국가인 우리나라는 역사의 상당 부분을 중국의 속국으로

• 해외로 입양된 한국 영아의 수는 2000년대 후반까지 해마다 수천에 달했다. 2013년이 되어서야 한국 정부가 자국 내 입양을 우선하도록 한 헤이그 입양 협약에 서명하면서 해외 입양아 수가 비로소 연 300명 이하로 급감했다.

지냈으며 끊임없이 외세에 시달렸다. 몽고의 말발굽에 짓밟혔고 또한 러시아에 휘둘렸다. 36년간 일본의 품에 강제로 안겨 있었던 역사는 또 어찌할 것인가. 그러고도 우리 몸속에 순수한 배달의 피만 흐른다고 우길 수 있는가?

상대적으로 다분히 폐쇄적이었던 조선 시대의 역사에 가려 덜 알려진 사실이지만 우리나라는 일찍이 신라와 고려 시대에 이미 멀리 서역과 무역을 하기도 했다. 문학적으로 중요하다고 해서 한때 입시를 위해 열심히 외워야 했던 향가 〈처용가〉의 네 다리 중 둘이 어느 먼 나라 사람의 다리였을 것이라는 학설이 제법 설득력이 있다고 들었다.

일본의 경우, 대륙에서 한반도를 거쳐 넘어간 한족과 털이 많기로 유명한 섬 사람인 아이누족이 뒤섞여 오늘에 이르렀다. 최소한 두 종족의 피가 섞여 있는 것이 확실한데도 섬이라는 환경 때문에 유전자의 다양성이 낮아 선천성 유전병의 발병률이 유달리 높은 나라다. 우리나라가 일본에 비해 유전병이 훨씬 적은 까닭도 아마 사람들의 왕래가 잦은 반도에 살았기 때문일 것이다.

우리나라에 일찍이 입양 풍습이 없었던 것도 아니다. 자식이 없는 맏형이 아우의 집 마당에 멍석을 깔고 아우가 아들을 양보할 때까지 단식 투쟁하는 것은 어느 가문에나 흔히 있는 일이었다. 그렇게 해서라도 혈통을 잇는 일이 중요

어떨 때는 정말 인간이
동물만도 못하다는 생각을 떨칠 수 없다.
인간이라는 위선의 탈을 벗고
지극히 동물적으로 살아도 이보다는 나을 텐데.

했기 때문이다. 객담이지만 말이 단식 투쟁이지 정말 아무 것도 먹지 않고 버틴 것은 아니라고 한다. 허리춤이나 소맷 자락에 미리 넣어 온 곶감을 몰래 빼 먹으며 농성을 했다고 전해 온다. 물론 형님의 의도를 아우가 모를 리 없었고 그래 서 자식 구걸은 몇 나절씩 걸리기도 했다 한다.

타조 사회에서는 서열이 높은 암컷이 다른 암컷들에게 자신의 둥지에 알을 낳게 한 다음 혼자 그 많은 알을 품고 보호한다. 때로는 너무 많이 모아 날개 아래 제대로 다 품지 도 못한다. 또 새끼들이 태어난 후 그들을 데리고 다니다 다 른 엄마를 만나면 서로 다퉈 승리한 암컷이 양쪽 새끼들을 모조리 데리고 간다. 왜 이렇게 동네 아이들을 모두 불러 모 아 혼자 기르려 하는지 참으로 신기한 일이다. 남의 자식들 이 많은 가운데 자기 자식을 기르면 그만큼 포식 동물에게 잡아먹힐 확률이 줄어든다는 가설이 있으나 명확한 증거는 아직 없다. 새끼들이 많으면 그만큼 발각될 확률이 높아질 수도 있을 텐데 말이다.

북미에 서식하는 어느 민물고기의 수컷은 암컷이 바위 밑에 붙여 주고 간 알들을 다른 물고기들이 집어 먹지 못하 도록 감시한다. 또한 곰팡이가 슬지 않도록 스스로 항생 물 질을 분비하여 알 표면에 바르는 등 온갖 정성을 다한다. 그 런데 이들에게 제일 무서운 적은 알을 빼앗아 대신 기르려고 싸움을 걸어 오는 다른 수컷들이다. 도대체 왜 남의 자식을 억지로 빼앗아 기르려는 것인가? 동물행동학자의 연구에 따르면 암컷들은 알을 보호하고 있는 수컷을 선호한다. 새내기 아빠보다는 경험 있는 아빠에게 자기 자식을 맡기려는 암컷들이 많기 때문에 남의 자식을 키워 주는 의붓아빠들이 궁극적으로 자기 자식을 더 많이 키울 수 있다.

미국에 살 때 동유럽의 공산 정권이 무너진 후 루마니아의 고아들을 품에 안고 돌아오는 미국인들을 보며 감격의 눈물을 훔치던 기억이 난다. 공산 정권이 물러나긴 했어도 여전히 복잡하고 불합리하기 그지없는 행정 절차를 겪으면서까지 그들이 그렇게도 원하던 아이들은 놀랍게도 모두 어머니에게서 에이즈 바이러스를 물려받은, 버림받은 영혼들이었다. 그 아이들에게 생명의 기회를 제공할 수 있게 되었다며 기쁨의 눈물을 흘리던 그들이 천사가 아니고 무엇이랴.

언젠가 TV에서 지체부자유아를 입양하여 키우는 어느 부부의 모습을 보았다. 우리나라에도 저런 사람이 다 있구나 싶어 목이 메었다. 스스로 아이를 갖지 못하여 남의 자식을 데려다 키우는 일도 어려운데 그 부부는 자신들의 아이도 있건만 남의 자식을, 게다가 몸도 온전치 못한 아이를 사랑으로 감싼 것이다. 물고기의 경우처럼 자신의 자식을 더 많이 갖게 되는 이른바 '유전적 이득'이 아니더라도 어떤 형태로든 지체부자유아를 입양한 그 부부가 후하게 보상받을 길이 있었으면 좋겠다.

왜 연상의 여인인가

배우자 선택은 암컷의 몫

옛날 우리나라도 데릴사위 제도를 비롯하여 나이 어린 신랑이 과년한 신부를 맞는 풍습이 있었다. 하지만 이런 특수한 경우를 제외하고는 전 세계 어느 문화권에서나 한결같이 남편이 부인보다 나이가 많다. 미국 텍사스 대학의 진화심리학자 데이비드 버스David Buss와 그의 동료들이 전 세계 37개의 문화권에서 젊은 남녀들을 대상으로 조사한 바에 따르면, 남자들은 평균 2.5세 정도 어린 여자와 결혼하기를 희망하고 여자들은 3.5세 정도 위인 남자를 원한다.

실제로 초혼의 경우에는 남편과 부인의 나이 차이가 약 세 살 정도지만 남자들이 재혼할 때는 자기보다 훨씬 어린 여자들을 맞아들이기 때문에 전체를 평균하면 부부간의 나이 차이는 두 살에서 여섯 살에 이른다. 또 다른 조사에 따르면 남자들은 나이가 들수록 상대적으로 자기보다 더 젊은 여자를 원한다. 늙어 갈수록 젊은 남자들보다 더 어린 여자를 얻게 된다는 것이 아니라, 다만 나이 차가 훨씬 많이 나는 여자를 찾게 된다는 뜻이다. 남자가 삼십 대에 이르면 자기보다 약 다섯 살쯤 아래인 여자를 원하지만 오십 대에 접어들면 열 살 내지 스무 살이나 어린 여자를 원한다.

이렇듯 남자들이 젊은 여자를 원하고 또 실제로 나이 어린 여자와 결혼하는 현상은 다윈의 이른바 성선택설에 의해 비교적 정연하게 설명된다. 다윈 성선택설의 일부인 성내性內 선택에 따르면, 번식 과정에서 투자를 훨씬 더 많이 하는 성이 투자를 적게 하는 성을 선택할 권리를 가지기 때문에 선택을 받아야 하는 성의 구성원들은 자연히 서로 치열한 경쟁을 벌인다. 다윈은 경쟁이 암컷들보다는 수컷들 사이에서 훨씬 더 치열하게 벌어진다는 사실에 주목했다. 경쟁은 또 당연히 번식력이 높은 연령의 암컷을 놓고 더 치열하게 벌어진다. 삼십 대의 남성이나 오십 대의 남성이나 한결같이 젊은 여인을 원하는 데는 이처럼 어느 정도 생물학적인 근거가 있다.

동물행동학자들의 연구에 따르면 동물 사회의 경우 거의 대부분 암컷이 선택권을 갖지만, 인간의 경우 나이가 들면서 돈과 권력을 확보한 남성들이 상당한 선택권을 누린다. 호주 북부 지방에 거주하는 티위족의 청년들은 가진 것이 별로 없는 초혼 때는 심지어 열 살 또는 스무 살이나 많은 여자에게 첫 장가를 들었다가 훗날 권력을 쥐고 난 후에는 스무 살 내지는 서른 살이나 어린 여자를 아내로 선택한다.

여성들이라고 젊고 건강한 남성에게 매력을 느끼지 않는 것은 아니지만 재력과 권력이 중요한 변수로 작용한다. 전 세계의 모든 새들 가운데 조류학자들이 가장 많이 연구한 새로 영국의 박새와 함께 북미에 서식하는 붉은깃찌르레기Red-winged Blackbird를 들 수 있다. 암컷은 그저 평범한 흑갈색을 띠는 반면 수컷은 몸 전체가 윤기 흐르는 까만 깃털로 뒤덮여 있고 날개 한복판에는 붉은 반점이 있다. 이들은 주로 늪지대에 사는데 이른 봄 수컷들이 먼저 날아와 제가끔 자기 터를 차지한 후 영어로 '차 마셔라Drink tea!' 하는 것 같은 노래를 부르며 암컷들을 자기 영역으로 유혹한다.

이때 암컷들은 그 자체의 매력보다는 그가 가진 재산 정도를 기준으로 수컷을 선택한다는 것이다. 얼마나 좋은 환경에서 새끼들을 기를 수 있는지가 훨씬 중요하다는 말이다. 워싱턴 대학의 연구진이 매우 짓궂은 실험을 한 적이 있다. 가장 기름진 터를 보유하고 있는 으뜸 수컷을 잡아 거세한 후 무슨 일이 벌어지나 관찰했는데, 여전히 많은 암컷이 그의 터에 보금자리를 마련했다. 그의 주변에 있는 이웃집 수컷과 바람을 피우더라도 새끼들은 좋은 집에서 풍요롭게 기른다는 얘기다.

　요즘 우리 사회에는 남자들이 연상의 여자와 사귀는 모습이 흔하다. 아니, 여자들이 나이 어린 남자를 받아들인다고 하는 것이 더 옳을 것이다. 대학 캠퍼스에서는 후배 남학생과 데이트를 하는 것이 조금도 어색하지 않은 유행처럼 되었고 연하의 남편을 맞는 일도 심심찮게 벌어진다.

　남자가 연상의 여인을 원하는 것은 생물학적으로 설명하기엔 그리 쉽지 않은 현상이다. 여자가 나이 어린 남자를 받아들이는 것은 더욱 어렵다. 정확한 통계 자료가 있는지는 모르겠으나 연상의 여인을 흠모하는 남자들의 나이가 대부분 어린 걸 보면 결국 수태 적령기의 여인을 찾는 듯싶다. 아마존에 사는 야노마모 인디언의 표현을 빌리자면 '남자란 잘 익은 과일 같은 여인을 원하기 마련'이다. 사춘기 소년들이 자기 또래나 몇 살 아래인 여자 아이들에게는 이렇다 할 성적 매력을 못 느끼고 생리적으로 완숙한 여인에게 끌리는 것은 어쩌면 지극히 자연스런 현상이다.

　문화적인 요소들이 상당한 힘을 발휘하는 인간 세계와 달리 동물 세계에서는 거의 예외 없이 암컷들에게 선택권이 있기 때문에 수컷들이 배우자를 고르는 현상에 대한 연구는 상대적으로 그 성과가 적다. 수컷이 짝짓기마다 엄청난 투자를 하는 몰몬귀뚜라미의 경우에는 드물게도 수컷이 암컷들 중에서 배우자를 고른다. 재미있게도 그들은 가장 성숙한 암컷, 즉 몸속에 많은 알을 지닌 가장 넉넉한 암컷을 선택한다.

여성들이 연하의 남자를 선택하는 것은 여성들의 경제력과 무관하지 않다. 데릴사위의 경우 부인의 가문이 거의 예외 없이 눈에 띄게 월등했다. 사위가 될 사람의 재력이 아니라 인물 됨됨이와 재능이 선택의 기준이었다. 현재 우리 사회의 여대생들은 대부분 졸업 후 사회 진출을 희망하고 있으며, 자기만의 능력을 쌓는 일에 남학생들보다 더 열심이다. 앞으로 여성들의 사회적 지위가 높아지고 경제력이 신장되면 반드시 돈과 권력을 갖춘 나이 많은 남자를 선호해야 할 필요성이 줄어들 것이다. 대신 좀 더 자유롭게 애정 표현도 잘하고 훨씬 나긋나긋한 연하의 남자를 선호할지도 모른다.

개미군단의 만리장성 쌓기

올바른 판단이면 작은 힘도 커진다

성경의 잠언 6장 7절과 8절에서는 개미를 가리켜 "두령頭領도 없고 간역자幹役者도 없고 주권자도 없으되 먹을 것을 여름 동안에 예비하여 추수 때에 양식을 모으느니라"고 하였다. 현대 생물학적 지식에 비춰 보면 일부는 맞고 일부는 그리 정확하지 않은 말씀이다. 비교적 원시적인 몇몇 종들을 제외한 대부분의 개미 사회는 여왕이 통치하는 이른바 전제 국가들이다. 엄연히 두령이 있는 사회인 것이다.

언뜻 보면 일정한 규율 없이 마구 돌아다니는 듯한 일개미들은 사실 여왕이 분비하는 '여왕 물질'이라 부르는 화학 성분의 영향을 받아 일사불란하게 움직인다. 알을 생산하는 번식 업무는 전적으로 여왕이 맡고 일개미들은 평생 헌신적으로 일만 한다. 여왕 물질은 일개미들의 뇌에 작용하여 여자로 태어났으되 여자 구실을 하지 못하게 만든다. 그래서 유일하게 알을 낳을 수 있는 여왕에게 충성을 다하게 된다.

여왕 물질의 화학 구조 속에 여왕의 자세한 지시 사항들이 일일이 적혀 있는지는 아직 밝혀지지 않았지만 적어도 여왕이 직접 작업 현장에 나와 진두지휘하지는 않는다. 성경 말씀대로 간역자는 보이지 않는다. 일개미들이 큰 먹이를 집으로 운반하는 과정을 관찰해 보면 처음에는 조금 우왕좌왕하는 모습을 보이기도 하지만 곧 한 방향으로 질서 정연하게 움직인다. 힘찬 구령을 붙이며 어느 방향으로 움직이라고 지시하는 작업 반장이 있는 것도 아닌데 훌륭하게 업무를 수행한다.

다른 개미 군락과 전쟁을 할 때도 돌격이나 후퇴를 알리는 소대장도 없건만 엄청난 단결력을 보인다. 미국 남서부의 사막에는 꿀단지개미라 불리는 개미들이 산다. 진딧물 같은 곤충들을 보호해 주고 대가로 받은 단물을 저장할 마땅한 단지가 없는 이들이 개발해 낸 아이디어는 바로 살아 있는 개미를 단지로 이용하는 것이다. 몇몇 선발된 일개미들이 굴 천장에 매달리면 그들의 배 속에 꿀을 담아 놓기 때문에 꿀단지개미라 부른다.

꿀단지개미들은 종종 이웃나라와 전쟁을 한다. 하지만 실제로는 대개 들판에 모여 힘겨루기를 하는 정도인데, 서로 누구의 병력이 더 막강한지를 가늠하는 것이다. 서로 적의 병사들과 마주보며 마치 자기 몸이 더 큰 것처럼 키 재기를 한다. 자기보다 아주 작은 놈을 만나면 물어 죽이지만 그보다 더 중요한 목적은 상대 군대의 머릿수를 세는 일이다. 개미가 사람들처럼 숫자를 셀 수 있는 것은 아니고, 둘씩 짝을 짓고 났는데도 자신의 군대가 남으면 그만큼 이웃나라보다 병력이 더 막강하다고 파악하는 것이다.

그래서 이들의 전쟁터에는 분명 지휘관은 없는 것 같은데 연락병은 있다. 그들은 마주보며 힘을 겨루고 있는 개미들을 확인하고 다니다 자기 쪽 병사와 마주보고 있지 않은 상대편 병사들을 자주 만나게 되면 얼른 후방으로 달려가 전방에 더 많은 병사들을 투입하라고 알린다.

개미들은 과연 어떻게 지도자도 없이 이처럼 질서정연한 집단 행동을 보이는 것일까? 미국 뉴멕시코 산타페에 있는 복합 체계 연구소의 과학자들에 따르면 개미들의 복잡한 집단 행동은 각 개체들의 임의적 행동들의 결과다. 작은 힘이지만 각자의 올바른 판단이 한데 모여 그야말로 만리장성을 쌓는 것이다.

열대 지방에 가면 흰개미들이 쌓아 올린 마천루들이 종종 우리 키를 넘는다. 그 엄청난 건물을 청사진 하나 없이 십장도 없이 어떻게 만들어 내는 것일까. 지금까지 여러 생물학자들이 관찰해 본 바에 따르면 그저 일개미 각자의 임기응변적인 노력의 결과일 뿐이다. 일개미 한 마리가 흙덩이 하나를 가져다 놓으면 다음 일개미가 또 흙덩이 하나를 그 위에 쌓고 또 다른 일개미가 그 위나 옆에 쌓는 식으로 짓다 보면 건물이 만들어지는 것이다. 그래서 같은 종의 흰개미들은 기본적으로 같은 구조의 건물을 짓지만 실제로 각 군락이 지은 건물의 모습은 모두 조금씩 다르다. 정확한 설계 없이 그때그때 쌓고 잇고 했기 때문이다.

주식 시장의 '나 홀로 투자자'들을 우리는 흔히 개미군단이라 부른다. 요행을 바라지 않고 열심히 땀 흘려 일한다는 보편적인 개미상을 그린 것은 결코 아닌 듯싶다. 수적으로는 우세할지 모르나 힘도 없는 미물들이 방향을 못 잡고 이리 몰리고 저리 쏠리다 손해만 본다 하여 붙여진 별로 곱지 않은 이름이다.

몇 해 전 미국 ABC 방송의 인기 시사 프로그램 〈20/20〉은 매우 흥미로운 내기를 했다. 미국 금융계의 중심가인 월스트리트의 대표적인 증권사와 〈20/20〉의 기자가 주식 시장에서 일정 기간 동안 누가 더 많은 돈을 버는지 내기를 한 것이다. 증권사는 두말할 나위 없이 자사가 보유하고 있는 모든 정보를 다 활용하여 계획적인 투자를 한 반면, 기자는 상장 주식들을 과녁처럼 방송국 벽에 걸어 놓고 눈을 가린 채 화살을 던져 꽂히는 대로 투자했다. 그런데 놀랍게도 내기는 기자의 마구잡이식 투자의 승리로 끝이 났다.

아무리 많은 정보가 있어도 미래를 정확하게 예측하는 일이 얼마나 어려운 것인지를 단적으로 보여 주는 결과였다. 그러나 만일 그 기자가 본연의 행정 및 정치 업적에 비해 주식 시장에서 훨씬 더 탁월한 실력을 발휘하고 있는 우리 정부 관리들이나 정치인들과 내기를 했다면 과연 어떤 결과가 나왔을까? 내 생각에는 아마 내기 자체를 거부했을 것 같다. 정답을 미리 알고 있거나 그것을 변화시킬 잠재력을 가진 사람들과 내기를 하는 것은 누가 뭐라 해도 불공평하기 짝이 없기 때문이다.

일반 투자자 개개인의 상식적인 판단들이 모여서 공정하게 시장의 방향이 정해질 수 있어야 주식 시장이 안정을 유지할 수 있을 것이다. 증권 회사가 자신들이 가지고 있는 정보를 부당하게 이용하여 이득을 취하면 불공정 거래라 하여 처벌을 받지만 정당하지 못한 방법으로 많은 부를 얻은 권력가들은 왜 처벌 받지 않는지 이해할 수 없다.

주식 시장에서 개미군단이 사라지면 시장 그 자체가 사라지고 만다. 따라서 정당한 경기가 되도록 게임의 법칙을 올바로 세우고 감독해야 할 것이다. 개미들은 전체가 어떤 모습을 갖춰야 하는지 언제나 알고 일하는 것이 아니다. 하지만 자기가 처한 상황에서 무슨 일을 어떻게 해야 하는지는 안다. 게임의 법칙이 제대로 서면 증권 시장의 개미들도 만리장성을 쌓을 수 있다.

꿀벌 사회의 민주주의

꿀벌은 춤으로 말한다. 꿀벌이 추는 춤에는 꿀이 있는 꽃까지의 거리와 방향에 관한 정보가 담겨 있다. 꿀벌의 사회에는 매일 아침 일찌감치 꿀을 찾아 나서는 이른바 정찰벌들이 있다. 좋은 꿀을 발견한 정찰벌들은 집에 돌아와 동료들에게 각자 자기가 따 온 꿀을 맛보게 하곤 곧바로 춤을 추기 시작한다.

　꿀을 따 온 곳이 집에서 그리 멀지 않은 경우, 즉 집에서 반경 30~50미터 이내인 경우 정찰벌은 이른바 '원형춤'을 춘다. 시계 방향과 시계 반대 방향으로 번갈아 조그만 원을 그리며 춤을 춘다. 정찰벌이 추는 춤을 따라 몇 바퀴 따라 돌던 다른 일벌들은 벌집을 떠나 사방팔방으로 날며 꿀이 있는 곳을 찾는다. 이런 관찰 결과로 미루어 보아 원형춤은 단순히 집 근처에 좋은 먹이가 있음을 알리는 자극 신호에 불과한 듯싶다. 구태여 정확한 거리와 방향을 알려 주지 않아도 된다. 아카시아 냄새가 나는 꿀물을 나눠주며 원형 춤을 추면 바로 뒷산의 아카시아 숲에 가야 한다는 걸 이미 알고 있기 때문이다.

그러나 먹이가 집에서 50미터 이상 떨어져 있을 경우, 정찰벌이 추는 춤은 단순한 원형춤에서 숫자 8을 옆으로 뉘어 놓은 것과 같은 모습의 '꼬리춤'으로 변한다. 몸을 부르르 떨며 직선으로 짧은 거리를 움직인 다음 원을 그리며 제자리로 돌아와 다시 몸을 떨며 직선춤을 추고, 이번엔 반대 방향으로 원을 그리며 제자리에 돌아온다. 이때 직선춤의 방향과 수직 방향과의 각도는 태양과 꿀이 있는 곳 사이의 각도를 의미한다. 예를 들어 정찰벌이 수직 방향에서 오른쪽으로 30도 각도를 유지하며 직선춤을 춘다면 다른 일벌들은 벌집 밖으로 나가 태양의 방향과 30도를 유지하며 오른쪽으로 날아가 꿀을 찾는 것이다.

방향만 가르쳐 주고 거리를 가르쳐 주지 않으면 그리 유용한 정보가 아닐 것이다. 정찰벌들은 춤을 추는 속도로 거리를 나타낸다. 천천히 추는 춤은 그만큼 한참 날아가야 한다는 것을 의미한다. 벌들의 춤언어가 얼마나 정확하고 객관적인지 인간인 우리도 그들의 춤을 읽고 정찰벌이 꿀을 발견한 장소를 찾아갈 수 있다.

꿀벌의 춤언어를 처음 해독한 공로로 1974년 노벨 생리의학상을 수상한 오스트리아의 폰 프리슈 박사는 대학에서 학생들을 가르칠 때 실제로 정찰벌의 춤을 보고 꿀이 있는 곳을 찾아내는 시험을 치렀다고 한다. 시험일이 되기 며칠 전부터 폰 프리슈 박사는 근처 숲속 은밀한 장소에 설탕물을 준비하여 벌들을 그리로 오도록 훈련시켰다. 그리곤 시험일에 학생들로 하여금 벌통에 가서 춤언어의 의미를 해독하여 설탕물 옆에 앉아 있는 박사를 찾아오게 한 것이다. 폰 프리슈 박사를 시간 내에 제대로 찾아온 학생들은 좋은 성적을 받았을 테고, 그렇지 못한 학생들은 아마도 낙제를 했으리라.

이제 우리는 꿀벌의 춤언어를 알아듣는 수준에서 더 나아가 꿀벌에게 그들의 언어로 말을 걸 줄도 안다. 독일의 막스 플랑크 연구소의 연구진은 몇 년 전 작은 꿀벌 로봇을 만들어 벌통 안에 넣고 컴퓨터로 조정하여 춤을 추게 하였다. 정찰벌들이 추는 그런 춤을 말이다. 그리곤 춤으로 알려 준 장소에 가서 기다렸더니 벌들이 그리로 날아왔다는 것이다. 우리가 꿀벌에게 말을 건 것이다. 꿀벌들이 우리가 그들과 말을 하고 싶어 한다는 사실을 알아채고 대꾸하기 시작하면 드디어 대화를 할 수 있게 되는 것이다. 어쩌면 공상 과학 소설에나 나올 법한 일이 실제로 벌어질지도 모른다.

성숙한 군락의 경우에는 아침마다 줄잡아 20여 마리의 정찰벌들이 꿀을 찾아 나선다. 그들이 하나둘씩 돌아와 제가끔 춤을 추기 시작하면 벌집은 우리네 선거 유세장을 방불케 한다. 다른 점이 있다면 우리는 각 후보가 서로 다른 곳에서 집회를 갖거나 공동으로 하더라도 한 사람씩 차례로 정견 발표를 하는 데 비해, 벌들은 모두 한꺼번에 자기가 발견한 꿀이 가장 훌륭하다고 유세를 하는 것이다. 큰 광장에서 여기저기 후보들이 확성기로 떠들어 대고 유권자들은 이 얘기 저 얘기 들어 보며 옮겨 다니는 셈이다.

어찌 보면 매우 어수선하고 시끄러운 과정이지만 벌들은 점차 가장 훌륭한 꿀을 발견한 정찰벌 주변에 모이게 되고 어느 순간부터는 전 군락의 일벌들이 그 정찰벌이 발견한 꿀이 있는 곳으로 함께 일을 나간다. 여왕벌이 군림하는 사회지만 이 모든 과정에 여왕의 입김은 전혀 미치지 않고 오로지 민중의 뜻만이 있을 따름이다. 완벽한 의미의 다수에 의한 정치, 즉 민주 정치가 벌어지는 것이다.

우리는 우리 나름의 민주 정치를 하기 위해 우리를 대표할 국회의원들을 뽑는다. 가장 신빙성 있는 정보로 가장 많은 동료들을 주변에 불러 모은 정찰벌이 모두를 꿀이 있는 곳으로 인도하듯 가장 많은 표를 얻은 후보가 국회로 가게된다. 지연이나 학연 또는 소속 정당에 지나치게 얽매이지 말고 진정 누가 우리를 꿀이 흐르는 곳으로 훌륭하게 인도할 수 있는지를 평가하여 뽑아야 옳겠지만 그게 말처럼 쉽지가 않다.

정찰벌들은 거짓 공약을 남발할 수 없다. 그랬다가는 금방 들통이 나기 때문이다. 어느 정치인이 자신의 공약을 충실히 이행할 것인지는 그가 당선된 후에야 확인할 수 있는 까닭에 시민 단체들이 작성하는 후보들의 성적표는 좋은 지침이 될 것이다. 다만 시민 단체들 모두 그들이 진정 시민을 위한 보임임을 명심하여 결코 군림하지 아니하고 늘 봉사하는 자세를 잃지 않길 바랄 뿐이다.

흡혈박쥐의 헌혈

박쥐는 기회주의자가 아니다

서울대입구 봉천사거리에서 신호등이 바뀌길 기다리며 차 안에 있노라면 심심찮게 목격하는 장면이 있다. 길 건너 지하철 입구에서 건장한 여인 두어 명이 지나가는 행인의 팔을 낚아채어 붉은 십자가가 그려져 있는 큰 버스로 밀어붙이는 모습이다. 환한 대낮에 남의 귀한 피를 강제로 갈취라도 하겠다는 듯 밀어붙이는 여인을 피해 행인은 뺏기지 않겠노라 발버둥을 치며 빠져 달아난다. 매일같이 그곳을 바라보지만 적십자 버스를 발견하고 제 발로 걸어가 헌혈하는 사람을 본 적은 아직 한 번도 없었다.

헌혈로 그만큼 줄어든 피는 다시 생성되며 건강에도 오히려 좋다고 하는데 왜 우리는 헌혈을 꺼리는 것일까. 체중 미달로 헌혈 자격이 없는 바싹 마른 사람들이 "남을 위해 피를 줄 수만 있으면 나는 매일 한 번씩 뽑겠다"며 '안전함'을 과시하는 것 말고는 대부분의 사람들은 체면 무릅쓰고 줄행랑이다. 우리나라의 경우 군부대나 학교 같은 곳에서 거의 강제로 피를 뽑지 않으면 충분한 혈액을 확보하기 어렵다고 한다.

자연계에서 헌혈의 은혜를 베풀 줄 아는 거의 유일한 동물은 놀랍게도 그 끔찍한 흡혈박쥐들이다. 스토커의 소설 『드라큘라』에서 검은 망토를 두른 채 밤마다 남의 목을 물어 피를 빨아 먹는 바로 그 동물 말이다. 지구상에 사는 대부분의 박쥐들이 과일이나 곤충을 먹고 사는 반면, 흡혈박쥐들은 실제로 열대 지방에 사는 큰 짐승들의 피를 주식으로 하여 살아간다. 그렇지만 소설이나 영화에서처럼 목정맥을 뚫어 철철 쏟아져 나오는 피를 들이마시는 것은 아니다. 그저 잠을 자고 있는 동물의 목 부위를 발톱으로 긁어 상처를 낸 후 그곳에서 스며 나오는 피를 혀로 핥아 먹는 정도다.

박쥐는 신진대사가 유난히 활발한 동물이다. 그래서 박쥐는 다룰 줄 아는 사람만이 다뤄야 한다. 너무 오래 손에 쥐고 있으면 에너지 소모가 심하여 까딱하면 죽는다. 흡혈박쥐도 예외가 아니라서 하루 이틀 피 식사를 하지 못하면 기진맥진하여 죽고 만다. 밤이면 밤마다 피를 빨 수 있는 큰 동물들이 언제나 주변에 있는 것도 아닌지라 상당수의 박쥐들이 굶주린 배를 움켜쥐고 귀가한다. 그러다 보니 이들 흡혈박쥐 사회에서는 피를 배불리 먹고 돌아온 박쥐들이 배고픈 동료들에게 피를 나눠 주는 헌혈 풍습이 생겼다.

동굴 천장에 거꾸로 매달려 서로 피를 게워 내고 받아먹는 흡혈박쥐의 행동을 관찰하며 광견병 바이러스가 들끓는 피 세례를 얼굴 가득 받곤 했던 어느 동물행동학자의 연구에 따르면 흡혈박쥐들은 대체로 자기 가족이나 친척끼리 피를 주고받는다. 그렇지만 그들은 꼭 친척이 아니더라도 가까이 매달려 있는 이웃들에게 종종 피를 나눠 주기도 한다. 이렇게 피를 받아 먹은 박쥐는 그 고마움을 기억하고 훗날 은혜를 갚을 줄 알기 때문에 이 진기한 풍습이 유지되는 것이다.

박쥐만큼 우리 인간으로부터 억울한 누명을 뒤집어쓴 동물도 없을 것이다. 물론 초창기 동물분류학자들도 박쥐를 새로 분류해야 할지 아니면 젖먹이동물로 분류해야 할지 적이 고민한 것으로 알려져 있다. 이솝은 한술 더 떠 날짐승과 길짐승 편을 오가며 자기 잇속을 취하려는 기회주의자로 박쥐를 표현했다. 우리 옛 속담에도 "박쥐는 두 가지 마음을 버리지 못한다"고 했다.

박쥐는 엄연히 새끼를 낳아 젖을 먹여 키우는 젖먹이동물이다. 젖먹이동물은 거의 전부 네 발로 긴다 하여 길짐승이라 하고 새들은 거의 모두 하늘을 난다 하여 날짐승이라 했지만 비행의 유연성과 테크닉으로 말하면 사실 박쥐를 따를 새가 없다. 박쥐들이 캄캄한 밤에 온갖 장애물을 피하거나 지그재그로 움직이며 도망가는 나방을 낚아채는 모습은 한마디로 예술이다.

나는 열대에 사는 과일박쥐들이 하루에도 몇 번씩 쏟아지는 장대비를 피하기 위해 큰 나뭇잎들을 변형하여 이른바 텐트를 만드는 행동을 15년 이상 연구해 왔다. 적당한 나뭇잎을 고르는 일에서부터 이파리의 모양을 어떻게 변형시켜 원하는 텐트를 만드는가에 이르기까지 박쥐들의 기발한 행동들은 경이롭기만 하다. 그런 박쥐들 중 솔직히 말해 가장 징그러운 종류인 흡혈박쥐, 그들이 바로 자연계 제일의 헌혈자들인 것이다.

헌혈이 우리 인간이 행하는 다른 어떤 자선 행위보다 특별히 어려운 까닭이 단순히 주사 바늘에 대한 공포심만은 아닐 것이다. 내 몸의 일부인 피가 누구를 위해 쓰이는지도 모르는 채 선뜻 내놓기란 사실 그리 쉬운 일이 아니다. 나 역시 대학 시절 위독하신 친구 어머니를 위해 단숨에 두 병의 피를 뽑곤 며칠 앓아누웠던 일 외에는 길에서 자진하여 헌혈을 해 본 경험은 없다. 솔직하게 말하면 내가 그 체중 미달을 빙자하여 남에게만 헌혈을 강요하는 비겁한 인물이다.

자의든 타의든 우리가 헌혈을 하는 이유 중 하나는 자신이 피를 내줄 만큼 헌신적인 사람임을 남에게 알릴 수 있기 때문일 것이다. 집단 헌혈이 그런대로 효과를 거둘 수 있는 것도 그런 이유 때문이다. 모두가 팔뚝을 걷는데 나만 뒤로 숨기는 어렵다. 사회는 언제나 남을 도울 준비가 되어 있는 헌신적인 사람들을 선호한다. 그래서 우리는 은근히 자기가 헌혈을 했다는 사실을 남에게 알리고 싶어 한다. 왜 이렇게 늦었느냐 다그치면 헌혈 좀 하느라 늦었다고 자랑스레 떠들어 댄다. 나는 가끔 헌혈을 했다는 표식으로 가슴에 달 수 있는 메달이나 자동차에 붙이는 스티커를 나눠 주면 훨씬 더 많은 피를 모을 수 있지 않을까 하는 생각을 해 본다.

황소개구리와 우리말

내가 당당해야 남을 수용할 수 있다

세상이 좁아지고 있다. 비행기가 점점 빨라지면서 세상이
차츰 좁아지는가 싶더니, 이젠 정보 통신 기술의 발달로 지
구 전체가 아예 한 마을이 되었다. 그래서인지 언제부터인
가 지구촌이라는 말이 그리 낯설지 않다. 그렇게 많은 이가
우려하던 세계화가 바야흐로 우리 눈앞에서 적나라하게 펼
쳐지고 있다. 세계는 진정 하나의 거대한 문화권으로 묶이
고 말 것인가?

요사이 우리 사회는 터진 봇물처럼 마구 흘러드는 외래
문명에 정신을 차리지 못할 지경이다. 세계화가 미국이라는
한 나라의 주도 아래 이루어지고 있다. 일본은 얼마 전 영어
를 아예 공용어로 채택하는 안을 검토한 바 있다. 문화인류
학자들은 이번 세기가 끝나기 전에 대부분의 언어들이 이
지구상에서 자취를 감출 것이라고 예측한다. 언어를 잃는다

는 것은 곧 그 언어로 세운 문화도 사라진다는 것을 의미한다. 우리가 그토록 긍지를 갖고 있는 우리말의 운명은 과연 어떻게 될 것인가.

20세기가 막 시작될 무렵, 뉴욕 센트럴 파크의 미국 자연사 박물관 앞 계단에서 몇 명의 영국인들이 자못 심각한 토의를 하고 있었다. 미 대륙을 어떻게 하면 제2의 영국으로 만들 수 있을 것인지를 논의하고 있는 것이었다. 그들은 이미 미국의 동북부를 뉴잉글랜드, 즉 '새로운 영국'이라 이름 지었지만 그보다는 좀 더 본질적인 영국화를 꿈꾸었다. 그들이 생각해 낸 계획은 참으로 기발하고도 지극히 영국적인 것이었다. 셰익스피어의 작품에 등장하는 영국의 새들을 몽땅 미국 땅에 가져다 풀어놓자는 계획이었다. 그러면 미국은 자연스레 영국처럼 될 것이라는 믿음이었다.

그래서 그 후 몇 차례에 걸쳐 그들은 영국 본토에서 셰익스피어의 새들을 암수로 쌍쌍이 잡아 와 자연사 박물관 계단에서 날려 보내곤 했다. 셰익스피어의 작품에 등장하는 새들의 종류가 얼마나 다양한지는 모르지만 그 영국계 미국인들은 참으로 몹쓸 짓을 한 것이다. 그 많은 새는 낯선 땅에서 비참하게 죽어 갔고 극소수만이 겨우 살아남았다. 그런데 그들 중 유럽산 찌르레기는 마치 제 세상이라도 만난 듯 퍼져 나가 불과 100년도 채 안 되는 사이에 참새를 앞지르고 미국에서 가장 흔한 새가 되었다.

우리나라에도 몇몇 도입종들이 활개를 치고 있다. 예전엔 참개구리나 옴개구리가 울던 연못에 요즘은 미국에서 건너온 황소개구리가 들어앉아 이것저것 닥치는 대로 삼키고 있다. 어찌나 먹성이 좋은지 심지어는 우리 토종 개구리들을 먹고 살던 뱀까지 잡아먹는다. 토종 물고기들 역시 미국에서 들여온 블루길에게 물길을 빼앗기고 있다. 이들은 어떻게 자기 나라보다 남의 나라에서 더 잘 살게 된 것일까?

도입종들이 모두 잘 적응하는 것은 결코 아니다. 사실, 절대다수는 낯선 땅에 발도 제대로 붙여 보지 못하고 사라진다. 정말 아주 가끔 남의 땅에서 들풀에 붙은 불길처럼 무섭게 번져 나가는 것들이 있어 우리의 주목을 받을 뿐이다. 그렇게 남의 땅에서 의외의 성공을 거두는 종들은 대개 그 땅의 특정 서식지에 마땅히 버티고 있어야 할 종들이 쇠약해진 틈새를 비집고 들어온 것들이다. 토종이 제자리를 당당히 지키고 있는 곳에 쉽사리 뿌리내릴 수 있는 외래종은 거의 없다.

제아무리 대원군이 살아 돌아온다 하더라도 더 이상 타 문명의 유입을 막을 길은 없다. 어떤 문명들은 서로 만났을 때 충돌을 면치 못할 것이고, 어떤 것들은 비교적 평화롭게 공존하게 될 것이다. 결코 일반화할 수 있는 문제는 아니겠지만 스스로 아끼지 못한 문명은 외래 문명에 텃밭을 빼앗기고 말 것이라는 예측을 해도 큰 무리는 없을 듯싶다. 내가 당당해야 남을 수용할 수 있다.

영어만 잘하면 성공한다는 믿음에 온 나라가 야단법석이다. 한술 더 떠 일본을 따라 영어를 공용어로 하자는 주장이 심심찮게 들리고 있다. 영어는 배워서 나쁠 것 없고, 국제 경쟁력을 키우는 차원에서 반드시 배워야 한다. 하지만 영어보다 더 중요한 것은 우리말이다. 우리말을 제대로 세우지 않고 영어를 들여오는 일은 우리 개구리들을 돌보지 않은 채 황소개구리를 들여온 우를 또다시 범하는 것이다.

영어를 자유롭게 구사하는 일은 새 시대를 살아가는 데에 필수 조건이다. 하지만 우리말을 바로 세우는 일에도 소홀해서는 절대 안 된다. 황소개구리의 황소울음 같은 소리에 익숙해져 청개구리의 소리를 잊어서는 안 되는 것처럼.

동성애도 아름답다

갈매기 둥지를 살피다 보면 가끔 유난히 알이 많이 담겨 있는 둥지들을 본다. 대개 한 둥지에 두세 개의 알들이 들어 있는데 어떤 둥지에는 대여섯 개의 알들이 비좁게 놓여 있다. 갈매기는 동물 세계에서 가장 전형적으로 일부일처제를 고수하며 사는 새다. 한 수컷이 둘 이상의 암컷을 맞아들여 그들로부터 모은 알들은 결코 아니다.

갈매기는 암수를 구별하기 대단히 힘든 새다. 겉모습은 말할 것도 없고 새끼를 돌보는 모습이나 바다에 나가 물고기를 잡는 행동이나 거의 완벽하게 똑같다. 그래서 결코 쉬운 일은 아니었지만 이처럼 '거대 둥지'를 지키고 있는 갈매기 쌍을 자세히 조사해 보니 둘 다 암컷이었다. 이른바 레즈비언 부부다.

하지만 엄밀하게 말하면 이들은 레즈비언이 아니다. 다

른 수컷들과 성관계를 가져 자식은 갖되 살림은 마음 맞는 암컷과 차린 이른바 양성애자들이다. 서양에는 이미 이런 양성애자 부부들이 버젓이 가족을 이루고 산다. 둘 다 제 가끔 어떤 남성의 아이를 낳아 함께 기르기도 하고 아니면 둘 중 하나만 아이를 낳아 함께 살기도 한다. 이들에게도 법적으로 엄연한 가족의 자격이 주어진다. 그저 보편적인 생활 방식과 좀 다르게 사는 사람들이라는 걸 인정하고 수용한다.

미국 애리조나 사막에 사는 채찍꼬리도마뱀들은 거의 모두가 레즈비언이다. 레즈비언 갈매기 부부가 낳은 알들은 대부분 수정이 되지 않은 알들이라 아무리 품어도 부화하지 않는다. 그러나 10~20퍼센트의 알들은 양성애자들이 낳은 알들이라 제대로 부화하여 새끼들이 태어난다. 레즈비언 채찍꼬리도마뱀들은 아무 문제 없이 새끼를 낳는다. 그들은 모두 수컷이 필요 없는 단위 생식을 하기 때문이다.

채찍꼬리도마뱀들의 성행위를 관찰해 보면 암수가 있는 다른 도마뱀들의 성행위들이 모두 나타난다. 모두 암컷들로만 이루어진 사회지만 똑같이 다양한 성행위들이 행해진다. 다만 암수 성기의 교접이 없을 뿐이다. 암컷들 간의 성관계지만 둘 중 하나가 위에 올라타고 상대를 자극한다. 그러면 정자가 없이도 수태가 된다. 암컷이 수컷 없이 그냥 암컷을 낳는다.

고릴라나 침팬지 같은 영장류에서 동성애 행위가 관찰된 것은 이미 오래전 일이다. 일명 보노보Bonobo라 불리는 피그미침팬지의 사회는 전반적으로 성에 대해 매우 개방적이다. 암컷들은 맛있는 먹이를 얻기 위해 그리 대수롭지 않게 성을 제공한다. 행위는 암컷들이 수컷들뿐만 아니라 다른 암컷들에게도 아무런 거리낌 없이 베푼다. 수컷들 간의 구음口淫도 늘 있는 일이다. 버금 수컷들은 종종 으뜸 수컷에게 슬그머니 다가가 그의 성기를 만져주며 아부한다.

집에서 암고양이들만 따로 키워 본 사람들은 그들끼리 암수가 벌이는 성행위를 모두 하는 걸 보았을 것이다. 동물 세계에서의 동성애는 너무도 광범위하게 알려져 있어 그 예들만 모아 놓은 책이 작은 백과사전 분량은 된다. 동성애를 단순히 병리적인 현상으로 보기 어려운 이유가 바로 여기 있다. 오히려 인간 사회에서는 동성애가 왜 이렇게 드물까 의심해야 할 것이다.

하지만 정말 드물어서 우리 눈에 잘 띄지 않는 것일까, 아니면 대부분 숨어 있어서 겉으로 드러나지 않을 뿐일까? 침팬지나 보노보에서 그렇게 흔한 행동이라면 그들과 같은 조상으로부터 갈라져 나와 처음으로 아프리카의 초원을 헤매던 시절의 인간들에게는 그리 낯선 행동이 아니었으리라.

실제로 고대 그리스 시대에는 동성애가 매우 자연스런 일이 었지 않은가. 소크라테스가 동성애자였다는 사실은 모르는 이가 없을 지경이다. 하지만 그 때문에 그를 위대한 철학자로 숭앙하지 않는 이는 당시에도 없었고 지금도 없다.

그러나 우리나라의 경우 어린이 프로그램을 진행하던 한 연예인이 스스로 동성애자임을 밝히고 난 다음 출연이 금지된 일이 있다. 동성애가 이미 TV 드라마의 주제로까지 다뤄진 즈음에 무슨 때늦은 법석인가 싶다. 마치 동성애가 무슨 전염성 질환인 것처럼. 동성애자와 옷깃이라도 스치면 금세 동성을 바라보는 눈빛이 달라지기라도 할 것처럼.

동성애는 생물학적으로 설명하기 쉽지 않은 자연 현상이다. 양성애자이며 레즈비언 부부 관계를 유지한다면 모를까 남자끼리 또는 여자끼리 살며 자식을 낳지 않으면 같은 성에게 호감을 느끼는 그들의 성향이 다음 세대로 유전될 길이 없기 때문이다. 그럼에도 거의 모든 동물들에서 동성애가 나타난다. 동성애가 우리가 미처 생각하지 못하는 메커니즘을 통해 유전자의 전파를 돕는 것은 아닐까. 자식이 신부나 수녀가 되겠다고 했을 때 받는 충격과 동성애자라고 밝혔을 때 받는 충격이 왜 달라야 할까? 아이를 낳지 않겠다는 것은 마찬가지인데.

이론생태학계의 거물인 스탠퍼드 대학의 교수가 얼마

전 성전환 수술을 받았다. 평소에 특별히 여성스러운 데가 많았던 양반이 아니었기에 충격이 적지 않았다. 동성애자들을 바라보는 눈이 곱지 않음은 선진국이라고 예외는 아니다. 다만 개인의 선택을 존중하는 차원에서 우리보다 훨씬 넓게 그들을 포용할 뿐이다.

학계에 있다 보니 외국 손님들을 자주 맞는다. 서울은 이제 지나칠 정도로 서구화하여 그들에게 그리 낯선 곳이 못 된다. 그러나 거리 풍경을 한참 동안 지켜보던 그들이 조심스레 던지는 말이 있다. "너희 나라는 동성애자들의 천국인 모양이다." 젊은 여자들이 거의 예외 없이 다정하게 손을 잡고 거리를 활보할 수 있는 우리 사회의 '개방적인 성문화'에 그들은 적지 않게 놀란다. 그런 사회가 실제로는 용감하게 허울을 벗어던진 동성애자들을 '닫힌 가치관'의 제물로 만들어서는 안 될 일이다.

고래들의 따뜻한 동료애

다친 동료를 돌보는 고래

몇 년 전 일이다. 어디론가 가기 위해 바삐 걷던 중 저만치 앞에서 휠체어를 탄 한 장애인이 차도로 내려서는 걸 보았다. 위험할 터인데 왜 저러나 싶어 살펴보니 그의 앞에 큼직한 자동차가 인도를 꽉 메운 채 버티고 있는 게 아닌가. 어쩔 수 없는 상황에서 차도로라도 돌아가려는 그에게 차들은 한 치의 양보도 하지 않았고 심지어는 요란하게 경적을 울리는 이들도 있었다.

나는 황급히 그에게 다가가 그의 휠체어 손잡이를 잡으며 도와드리겠다고 했다. 그러나 나의 도움은 아무런 효과가 없었다. 차들은 여전히 매정하게 우리 앞을 가로지르고 있었고 세워 달라고 내가 손을 흔들 때면 더 빠른 속도로 달려오곤 했다. 그러자 그는 나에게 휠체어는 혼자서도 운전할 수 있으니 미안하지만 차도로 내려가 오는 차들을 잠시 멈춰 줄 수 있겠느냐고 부탁했다. 그러면서 자기처럼 장애인은 되지 않도록 조심하라는 당부를 잊지 않았다. 나는 곧바로 차도에 뛰어들어 달려오는 차들을 막아 세웠고, 그는 차도로 우회한 후 다시 인도로 올라서 가던 길을 계속 갈 수 있었다.

그는 비교적 말이 적은 사람이었다. 아니면 방금 벌어진 일을 되새기며 씁쓸해하고 있었는지도 모르겠다. 어쨌든 나는 엉거주춤 그의 곁에서 보조를 맞추며 그렇게 한참을 섰었다. 어색해하는 나에게 그는 먼저 서둘러 가라고 권했다. 나는 결국 그와 몇 번의 인사를 나누고 먼저 앞서 걷기 시작했다. 그러나 자꾸 몇 걸음 걷다가 뒤를 돌아보지 않을 수 없었다. 그런 나를 향해 그는 가끔 조용히 손을 흔들어 주었다.

당시 나는 외국에서의 긴 연구 생활을 마치고 귀국한 지 얼마 되지 않았을 때였고 외국에 비해 장애인이 별로 눈에 띄지 않아 의아하게 생각하던 참이었다. 하지만 우리나라가 외국보다 장애인이 적어서가 아니라 그들이 길에 나서기 너무도 불편하게 되어 있기 때문이라는 걸 나는 그날 비로소 깨닫게 되었다. 미국에는 건물마다 장애인들이 이용하기 쉽도록 장애인 전용 통로까지 만들어 놓았다. 얼마 전에는 우리나라 출신의 장애인 학생을 위해 하버드 행정대학원이 건물 구조를 바꿨다는 기사가 신문에 실리기도 했다.

해마다 우리는 장애인의 날이면 행사를 하며 법석을 떤
다. 정작 그들에게 따뜻한 눈길 한 번 주지 않으면서, 길 한
번 제대로 비켜 주지 않으면서 말이다. 그날만 장애인을 걱
정하는 것처럼 가장하고 그동안 그러지 못했던 것을 속죄하
는 척하기만 하면 되는 것처럼 하루를 보낸다. 이제 우리는
일상생활에서 장애인과 함께 사는 법을 배워야 한다. 그래
서 하루 빨리 장애인의 날 같은 건 사라지게 말이다.

자연계는 언뜻 보면 늙고 병약한 개체들은 어쩔 수 없이
늘 포식자의 밥이 되고 마는 비정한 세계처럼만 보인다. 하
지만 인간에 버금가는 지능을 지닌 고래들의 사회는 다르
다. 거동이 불편한 동료를 결코 나 몰라라 하지 않는다. 다
친 동료를 여러 고래들이 둘러싸고 거의 들어 나르듯 하는
모습이 고래학자들의 눈에 여러 번 관찰되었다. 그물에 걸
린 동료를 구출하기 위해 그물을 물어뜯는가 하면 다친 동
료와 고래잡이배 사이에 과감히 뛰어들어 사냥을 방해하기
도 한다.

고래는 비록 물속에 살지만 엄연히 허파로 숨을 쉬는 젖
먹이동물이다. 그래서 부상을 당해 움직이지 못하면 무엇보
다도 물 위로 올라와 숨을 쉴 수 없게 되므로 쉽사리 목숨을
잃는다. 그런 친구를 혼자 등에 업고 그가 충분히 기력을 되

자연계는 약육강식의 법칙이 지배하는
비정한 세계일까. 적어도 고래는 다르다.
거동이 불편한 동료를
결코 나 몰라라 하지 않는다.

찾을 때까지 떠받치고 있는 고래의 모습을 보면 저절로 머리가 숙여진다. 고래들은 또 많은 경우 직접적으로 육체적인 도움을 주지 않더라도 무언가로 괴로워하는 친구 곁에 그냥 오랫동안 있기도 한다.

우리 사회의 장애인들에게도 휠체어를 직접 밀어 줄 사람들보다 그들이 스스로 밀고 갈 수 있도록 길을 비켜 주고 따뜻하게 함께 있어 줄 사람들이 필요한 것인지도 모른다. 그들이 당당하게 삶을 꾸릴 수 있도록 여건을 마련해 준 후 그저 다른 이들을 대하듯 똑같이만 대해 주면 될 것이다.

앞으로 좀 더 자세한 연구가 진행되어야 밝혀질 일이겠지만 남을 돕는 고래가 모두 다친 고래의 가족이거나 가까운 친척만은 아닐지도 모른다. 우리 인간이 그렇듯이 장애인 동생을 보살피는 것과 전혀 연고도 없는 장애인을 돕는 것은 근본적으로 다르다. 부상당한 고래를 등에 업고 있는 고래가 가족이나 친척으로 밝혀질 가능성은 충분히 있지만 다친 고래를 가운데 두고 보호하는 그 모든 고래들이 다 가족일 가능성은 적은 것 같다. 고래들의 사회에 우리처럼 장애인의 날이 있어 "장애 고래를 도웁시다"라는 구호를 외치며 배웠을 리 없건만 결과만 놓고 보면 고래들이 우리보다 훨씬 낫다.

종교가 왜 과학과 씨름하는가

물 위를 달리는 예수도마뱀

마태복음 14장을 보면 예수님이 물 위를 걷는 기적을 행하시는 장면이 나온다. 실제로 과연 사람이 물 위를 걸을 수 있을까? 현대 물리학의 이론에 의하면 불가능한 일이다. 체중도 훨씬 적고 무게를 분산시킬 수 있도록 다리도 여럿 있다면 모를까 70~80킬로그램의 하중을 단 두 다리에 둔 채 물 위에 떠 있기를 기대하기는 어렵다.

물 위를 자유자재로 걸어 다니는 동물로 대표적인 것이 바로 소금쟁이다. 소금쟁이들은 워낙 가벼운 데다 곤충이라 다리가 여섯씩이나 있어 무게를 분산시킬 수 있기 때문에 물의 표면 장력만으로도 거뜬히 떠 있을 수 있다. 그들은 행여 빠질세라 가만히 떠 있는 게 아니라 수면을 흔들어 서로 신호를 보내기도 한다. 소금쟁이 암컷들은 수컷들이 만들어 보내는 동심원의 파문에 몸을 맡기며 사랑에 취한다.

중남미 열대에는 일명 예수도마뱀이라 불리는 도마뱀이 산다. 그 동네 사람들이 그들을 예수도마뱀이라 부르는 이유도 바로 물 위를 걸을 수 있는 그들의 신기 때문이다. 설마 하는 마음으로 그들이 자주 나타난다는 냇물에 도착한 지 채 몇 분도 되지 않아 조그만 도마뱀 한 마리가 쏜살같이 냇물을 가로지르는 모습을 내 두 눈으로 똑똑히 보았다. 혹시 내가 잘못 본 건 아닐까 의심하고 있는데 또 한 마리가 이번에는 개울 반대편에서 내 쪽으로 횡하니 건너오는 것이 아닌가.

그 후 나는 틈만 나면 그 도마뱀이 과연 어떻게 물에 빠지지 않고 개울을 건널 수 있을까 생각하곤 했다. 또 그때마다 중학교 시절 영어 선생님을 기억하곤 혼자 피식피식 웃기도 했다. 선생님께서는 우리들이 조는 듯하면 실없는 우스갯소리를 하나씩 들려주곤 하셨다. 어느 날 선생님은 우리에게 물 위를 걸을 수 있는 방법을 알려 주겠다고 하셨다. 답이 무엇인지 알기 위해 우린 모두 긴장했고 선생님께서는 늘 그러셨듯이 그날도 어김없이 우리에게 맥빠지는 답을 던지셨다. "왼쪽 다리가 빠지기 전에 오른쪽 다리를 옮기고 또 오른쪽 다리가 빠지기 전에······." 졸음은 이미 우리를 훌쩍 떠나 버린 뒤였다.

그러던 몇 년 후 나의 궁금증은 하버드 대학 같은 과 동물생리학 실험실에 있는 동료 대학원생들에 의해 풀렸다. 초고속 촬영 기법을 사용하여 예수도마뱀의 행동을 한 토막씩 천천히 살펴보았더니, 아니 이게 도대체 무슨 일인가. 그 영어선생님의 사이비 이론이 사실로 드러난 것이 아닌가. 예수도마뱀들은 실제로 한쪽 다리가 미처 빠지기 전에 다른 쪽 다리를 뻗는 식으로 물을 건너는 것이었다. 가끔은 다리가 반쯤 물속에 잠기기도 하지만 멈추지 않고 전속력으로 물 위를 달린다.

얼마 전 어느 절의 불상에 3천 년에 한 번 핀다는 전설의 꽃 우담바라가 피었다고 하여 불자들 사이에 큰 경사가 있었다. 하지만 아쉽게도 그것은 풀잠자리의 알들로 밝혀졌다. 곤충을 연구하는 사람들에게는 의심의 여지조차 없는 엄연한 과학적 사실이건만 불교계의 반응은 조금 지나친 듯싶다. 19세기 영국의 계관 시인 테니슨 경은 "증명할 수 없으면 믿는 것이다"라고 읊었다. 그 말은 훤히 증명된 일을 애써 아니라며 믿을 이유가 없다는 뜻이다.

일찍이 우리들 중 그 누구도 우담바라를 직접 본 적이 없거늘 그것이 꼭 식물의 꽃이어야 할 이유는 또 무엇인가. 식물만이 꽃을 피우는 게 아니다. 우리도 종종 이야기꽃을 피우기도 하고 웃음꽃을 터트리기도 하지 않는가. 뒤늦게 때를 만나는 사람을 영어로도 '늦게 피는 사람Late bloomer'이라 한다. 우담바라가 원래부터 풀잠자리의 알인들 어떠랴.

사실 풀잠자리는 내가 가장 좋아하는 곤충 중의 하나다. 속이 훤히 들여다보이는 연두색 망사 같은 날개를 고이 접어 가지런히 몸 위에 덮고 앉아 있는 자태는 그야말로 고운 모시 저고리를 받쳐입고 가야금이라도 뜯고 있는 우리네 여인의 모습이다. 실제로 풀잠자리는 서로 노래를 하며 이야기하는 곤충인데 그 소리가 인간의 귀에는 들리지 않는다. 나는 관세음보살께서 우리 앞에 어린 풀잠자리로 나타나신다면 너무나 곱고 아름다우실 것 같다. 그리고 불자들만이 알아들을 수 있는 목소리로 해탈의 지혜를 가르치신다고 믿는다 해서 그리 흉이 될 것 같진 않다.

예수님이 물 위를 걸으셨다는 것 역시 결코 증명할 필요가 없다. 그분은 우리와 같은 인간이 아니라 신의 아들이 아니신가. 마태복음 14장에 보면 예수님의 제자 베드로 역시 물 위를 걷는 기적을 경험한다. "베드로가 '주여, 만일 주시어든 나를 명하사 물 위로 오라 하소서' 한대, '오라' 하시니 베드로가 배에서 내려 물 위로 걸어서 예수께로 가되"라 적고 있다. 한낱 인간의 몸인 베드로가 행한 기적은 증명하기 훨씬 더 어려운 게 사실이다. 그러나 그것은 베드로라는 인간이 해낸 것이 아니라 예수님의 능력으로 이룬 일이라는 것이 믿는 이들의 특권이요 힘이 아니던가.

종교가 스스로 모래판에 내려와 과학을 붙들고 씨름을
하려 할 때 나는 참 서글프다. 과학은 이른바 형이하학이지
만 종교는 형이상학 중에도 으뜸이 아니던가. 과학은 모든
걸 증명해야 하는 멍에를 지고 있지만 종교는 그럴 필요가
없다. 믿음은 증명보다 훨씬 더 위대하기 때문이다.

동물도 죽음을 애도한다

어미 주검 곁에서 숨을 거둔 어린 침팬지

6월 6일은 순국선열들의 넋을 기리는 현충일이다. 나라를 위해 목숨을 바친 이들의 주검 앞에 우리 모두 머리 숙이고 사랑하는 이의 죽음을 애도하는 날이다. 어느 문화권이든 인간은 모두 나름대로 독특한 장례 문화가 있다. 우리 무속 신앙에도 망자의 혼을 달래는 다양한 의식들이 전한다. 전라도 지방의 씻김굿이 그 대표적인 예다.

죽음을 이해하기 위해 철학이 생겼고 죽음의 문제들을 해결하기 위해 종교가 탄생했다. 어느 문화권이든 종교는 거의 한결같이 영생을 얘기한다. 종교에 따라 영생의 형태가 조금씩 다르긴 해도 그들은 모두 우리의 유한한 생명의 대안으로 영원한 삶을 추구한다. 기독교는 우리에게 원죄를 인정하고 조물주 하느님을 영접하면 영생을 얻는다고 가르친다. 불교에서는 살아 움직이는 모든 생물은 다 연결되어 있고 모습을 바꾸며 윤회한다고 믿는다.

동물들도 과연 죽음을 인식하고 슬퍼할까? 일찍이 철학자 윌리엄 어네스트 호킹은 "사람만이 유일하게 죽음의 의미를 생각하며 죽음이 과연 모든 것의 종말인지를 의심할 줄 안다"고 했다. 그러나 제인 구달 박사는 어미의 주검 곁을 떠나지 못하고 거의 식음을 전폐하다시피 지내다 끝내 숨을 거둔 어린 침팬지의 이야기를 우리에게 생생하게 들려주었다. 어린 자식의 축 늘어진 시체를 차마 버리지 못하고 매일같이 품에 안고 다니는 침팬지 어미들을 발견하는 일 또한 그리 어렵지 않다.

네덜란드의 아른헴 동물원은 오래전부터 침팬지 군락을 보호하고 있다. 침팬지들이 살고 있는 지역은 수로로 둘러싸여 사람들이 가까이 접근할 수 없도록 되어 있다. 바로 그곳이 지금은 미국 에모리 대학의 교수이자 『침팬지 폴리틱스Chimpanzee Politics』의 저자 프란스 드 발 박사가 연구하던 곳이다.

드 발은 그곳에서 '고릴라'라는 이름의 암컷 침팬지가 여러 차례 갓 낳은 아기를 잃고 몇 주씩이나 다른 침팬지들을 멀리하며 구석에 쭈그리고 앉아 있는 모습을 관찰했다. 정식으로 정신과 의사의 진단을 받아 본 것은 아니지만 거의 틀림없이 우울증에 빠진 침팬지였다. 동물원 관리인들이 조심스레 안겨 준 10주쯤 된 어린 침팬지를 양녀로 받아들인 후에야 비로소 '고릴라'는 깊은 우울증에서 벗어나 새 삶을 찾을 수 있었다.

코끼리들은 다른 동물들의 뼈에는 아무런 관심을 보이지 않는다. 하지만 코끼리의 뼈를 발견할 때면 언제나 그들의 긴 코로 뼈 냄새를 맡으며, 뼈를 이리저리 굴려 보기도 하고, 때로는 오랫동안 들고 다니기도 한다. 코끼리들이 그들의 뼈에 관한 관심이 얼마나 큰가 하면 야생 동물 사진작가들이 그 모습을 찍으려 할 때 그들이 다니는 길목에 코끼리 뼈 하나를 놓아 둔다는 것이다. 코끼리들은 늘 신선한 물과 풀을 찾아 이동하며 살지만, 그렇게 이동하는 중에도 자기 어머니의 두개골이 놓여 있는 곳을 늘 잊지 않고 들러 한참 동안 그 뼈를 굴리며 시간을 보낸다.

나도 야외 연구로 동해안을 지날 적이면 늘 바다가 내려다보이는 언덕 위 할아버지 산소를 찾는다. 왜 그래야 하는지는 나도 잘 모르겠다. 그 근방을 지나면서 할아버지의 뼈가 묻힌 그곳을 들러 보지 않으면 왠지 발길이 가볍질 않다. 얼마 전 영동 지방에 큰 산불이 났을 때 할아버지의 산소는 신기하게도 불길이 피해 갔다. 다행이었지만 그래도 무척이나 뜨거워하셨을 것이다.

죽음은 생명의 원천이다. 죽음이 없으면 생명도 없다. 한 생명이 사라지면 그 자리를 또 다른 생명이 채운다는 의미에서도 그렇지만 아무도 죽지 않고 영생하기 시작하면 곧 모두가 죽고 만다. 지구에 사는 생명체들의 번식력은 실로 가공할 만한 수준이다. 하지만 태어나는 많은 개체 중 대부분은 성장하는 과정에서 죽기도 하기 때문에 그중 일부만이 번식을 하게 되고 그래서 이 지구 생태계가 균형 있게 유지되는 것이다.

40대 중반을 넘기지 못하고 요절한 천재적인 생태학자 맥아더Robert MacArthur는 1분에 한 번씩 분열하며 성장하는 박테리아를 두고 다음과 같은 가상 시나리오를 쓴 적이 있다. "만일 일단 태어난 박테리아 중 아무도 죽지 않는다고 가정하면, 불과 36시간 만에 박테리아는 우리들 종아리 높이만큼 온 지구의 표면을 덮을 것이다. 그로부터 한 시간 후면 우리 키를 넘길 것이고, 천 년쯤 지나면 지구는 저 우주를 향해 빛의 속도로 팽창해 나갈 것이다."

죽음 그 자체는 생물학적으로 볼 때 지극히 자연적인 현상이지만 죽음을 애도하는 행위는 유전자의 관점으로 설명하기 대단히 어려운 문제 중의 하나다. 이미 죽은 자는 더 이상 유전자를 후세에 전파할 수 없기 때문이다. 죽음을 애석해하는 그 애틋한 감정은 유전자에게 과연 무슨 도움을 주었기에 지금도 우리 가슴속에 살아 있는가?

잠꾸러기의 행복

쓰러져 자는 사자, 새우잠 자는 말

남들 잘 때 다 자고 어떻게 남을 이길 수 있겠느냐? 하루에 여덟 시간씩 잔다면 인생의 3분의 1을 잠으로 허비하는 게 아니냐? 어려서 부모님한테 귀가 따갑게 듣던 얘기들이다. 이 짧은 인생을 잠으로 허비할 수 없다는 궤변을 늘어놓는 이들이 있지만 잠을 충분히 잘 수 있는 것처럼 큰 행복도 별로 없을 것이다.

나는 그런 의미에서 무척 행복한 사람이다. 베개를 뒤통수에 대기만 하면 거의 언제나 1분 내로 잠이 든다. 버스나 지하철 안에서도 손잡이를 잡은 채 점잖게 짧고 달콤한 잠을 즐긴다. 또 잠을 깊게 자는 편이다. 하지만 깨어날 때는 칼로 자른 듯 일어난다. 눈을 뜨면 그냥 곧바로 일어난다. 아침에 눈을 뜬 채 침대에서 빈둥빈둥 뒤척이는 일이란 애당초 할 줄을 모른다.

학창 시절에는 시험 준비를 한답시고 밤을 꼴딱 새기도 했지만 언제부터인가 그런 일이 결코 현명하지 못하다는 걸 깨달았다. 잠 많은 사람들을 특별히 혐오했던 것으로 알려진 나폴레옹은 잠자는 시간도 아껴 가며 일했다지만 낮에는 늘 수면 부족으로 깜빡깜빡 졸며 살았다고 한다. 나폴레옹이 영국의 웰링턴 제독에게 패한 것도 중요한 보고를 받으며 졸았기 때문이라는 주장도 있다.

통계에 따르면 현대인 세 명 중 한 명은 밤에 잠이 잘 오지 않거나, 깨어 있어야 할 대낮에 졸음을 참지 못해 고통을 겪고 있다. 간밤에 잠을 설쳤다고 해서 학교나 직장을 쉴 수도 없는 것이 우리네 삶이다 보니 수면제나 각성제를 비롯한 각종 약들은 물론 잠 클리닉에 이르기까지 수면 장애와 관련 있는 사업들이 하나의 거대한 산업 구조를 이룬다. 현대인을 이처럼 만성적인 수면 부족으로 고통스럽게 만든 장본인은 두말할 나위 없이 발명왕 에디슨이다. 그가 전구를 발명하기 이전에는 해가 지고 어두워지면 별수 없이 잠자리에 들어야 했다.

잠에는 으레 꿈이 따라오게 마련이고 밤마다 악몽과 야경증夜驚症에 시달리는 이들도 적지 않다. 잠을 자다 때로 호흡이 멈추는 이른바 수면성 무호흡 증상을 보이는 사람들은 낮에도 늘 피곤함을 느끼며 심한 경우에는 뇌에 결정적인 손상을 입기도 한다. 대낮에 일상적인 활동을 하다가 순식간에 꿈의 상태로 빠져들어 갑자기 넘어지거나 부상을 입는 기면 발작 증상으로 고통받는 이들도 있다.

잠도 과연 자연 선택에 의해 다듬어진 진화의 산물인가? 잠을 자고 싶어 하는 욕구만큼 본질적인 욕망도 없을 것이다. 식음을 전폐하여 자살을 할 수는 있지만 아무리 자제력이 강한 사람이라도 며칠씩 졸음과 싸워 이길 수는 없다. 인권이 헌신짝 같았던 시절처럼 육체적인 고문을 할 수 없는 요즘에 취조 형사들이 주로 쓰는 가장 잔인한 고문이 바로 잠을 재우지 않는 것이라 들었다. 혐의가 있는 사람을 며칠 밤씩 재우지 않으면서 형사들이 교대로 취조하면 당해낼 철인이 없다고 한다.

대부분의 동물, 특히 새들과 젖먹이동물들은 모두 잠을 잔다. 양서류, 파충류, 그리고 물고기들도 때때로 휴면 상태에 접어든다. 눈은 뜨고 있지만 일종의 잠을 자고 있는 것이다. 돌고래는 잠을 자지 않는다는 보고가 있었지만 실제로 그들의 뇌는 반만 수면 상태에 들고 나머지 반은 깨어 있다. 알다시피 돌고래는 비록 물속에서 생활하지만 허파로 숨을 쉬는 엄연한 포유 동물이기 때문에 자면서도 주기적으로 수면 위로 올라와 숨을 쉬어야 한다. 잠의 유익성에 대한 가설 중에는 몸과 마음을 쉬게 하여 삶의 재충전을 꾀한다는 것도 있지만 그저 단순히 위험으로부터 한동안 피하기 위한 것이라고도 한다. 쥐나 토끼 같은 동물들이 밤낮을 가리지 않고 계속 돌아다닌다면 그만큼 더 자주 포식 동물들을 만나게 될 것이다. 우리 조상들도 만일 잠을 잘 줄 몰랐다면 지금까지 이렇게 살아남았을까 의심스럽다. 실제로 힘없고 작은 동물이라도 안전하게 숨을 곳이 있는 것들은 잠을 길게 자는 편이다. 반면 큰 동물이라도 소나 말처럼 둥지를 만들지 않는 것들은 잠을 충분히 자지 못한다. 그런가 하면 사자는 아무 때나 자고 싶으면 그저 푹 쓰러져 잔다.

여러 형태의 수면 장애를 효과적으로 치유하려면 수면의 기능과 그 진화적 기원에 대해 연구해야 한다. 한 유력한 학설에 따르면 잠은 우리 몸의 생리적 보수 기능을 위해 진화했다. 실제로 우리 몸의 거의 모든 조직에서 가장 활발한 세포 분열은 우리가 자고 있는 동안에 일어난다. 수면 상태의 뇌조직을 검사해 보면 꿈을 꾸지 않고 자고 있는 동안에 단백질 합성이 가장 왕성하다는 것을 알 수 있다. 밤에만 합성되는 신경 전달 물질들도 여럿 알려져 있다.

비행기를 타고 북미나 유럽으로 여행해 본 사람이면 누구나 몸이 마음과 달리 끝내 한국 시각을 고집하는 경험을 했을 것이다. 잠을 덜 자면서까지 일을 하는 것이 과연 우리가 원하는 삶인지는 따로 생각해 봐야 할 일이지만 직업상 어쩔 수 없이 밤에 일을 해야 하는 이들도 있다. 새벽잠이 없는 어르신네들을 보면 수면 장애가 노화와도 연관되어 있음을 알 수 있다. 각종 수면 장애 증세로 고생하는 환자들에 대한 연구는 물론 야행성 동물들과 여러 다른 환경에서 다양한 행동 리듬을 유지하며 살도록 진화한 동물들의 수면 행동과 생리를 비교 분석할 필요가 있다.

가시고기 아빠의 사랑

홀아비의 지극정성 자식 키우기

소설 『가시고기』가 오랫동안 베스트셀러 목록에 올랐다. 이 사실은 동물행동학자인 나에게는 색다른 감흥을 준다. 동물 행동학이 자연과학의 한 분야로 입문하는 데 결정적으로 공헌한 동물이 바로 가시고기이기 때문이다.

현대 동물행동학은 20세기 중반 무렵 유럽에서 '행태학 Ethology'이라는 학문으로 출발했다. 그 행태학의 기초를 다듬었고 나처럼 야외생물학을 하는 사람들로는 유일하게 노벨 생리의학상을 수상한 바 있는 세 학자 가운데 한 분인 니코 틴버겐이 오랫동안 연구한 물고기가 바로 가시고기다.

가시고기 수컷들은 마치 하릴없이 여럿이 떼를 지어 거리를 배회하는 우리 사회의 젊은 남정네들처럼 겨우내 자기들끼리만 무리를 지어 몰려다닌다. 그러다 봄이 되어 하루 해가 길어지고 몸속에 호르몬이 솟구치면 눈 가장자리가 푸

르둥둥해지며 아랫배가 빨갛게 물들기 시작한다. 그렇게 죽고 못 살던 친구가 갑자기 버거워지며 수컷들은 비로소 제가끔 자기 영역을 확보하려 다투기 시작한다. 어제의 벗이 오늘의 적이 된 것이다.

일단 자기 터를 확보한 수컷들은 물속에 있는 작은 나뭇가지나 수초들을 모아 좁은 터널 모양의 둥지를 만든다. 그리곤 특유의 지그재그 스타일의 춤을 추며 암컷을 유혹하기 시작한다. 틴버겐은 몇 가지 실험을 통해 가시고기 암컷들은 수컷의 붉은 배에 매력을 느낀다는 사실을 발견했다. 물론 수컷의 현란한 춤 솜씨도 한몫을 하지만.

불룩하게 튀어나온 붉은 배를 출렁이며 온갖 아양을 떠는 수컷이 마음에 들면 암컷은 그 수컷을 따라 그가 만들어놓은 사랑의 터널을 찾는다. 뾰족한 주둥이로 연신 터널의 입구를 가리키는 수컷의 정성에 암컷은 터널 속으로 몸을 들이밀고 이내 알을 쏟는다. 옛말에 뒷간에 들 때와 날 때가 다르다더니 암컷이 알을 낳기가 무섭게 수컷은 언제 보았더냐 싶게 매정할 정도로 암컷을 쫓아내곤 그 위에 정액을 뿌린다. 그리곤 또 다른 암컷을 찾아 나선다. 이렇게 여러 부인을 차례로 맞아들여 충분히 알들이 쌓이면 그때부터 혼자서 자식을 키운다.

인간적인 관점에서 보면 무슨 청승일까 싶지만 그 많은

배다른 자식들을 가시고기 아빠는 정말 정성스레 돌본다. 행여 산소가 모자랄세라 터널 입구에서 줄기차게 지느러미를 퍼덕인다. 그 누구도 접근하지 못하도록 경계의 눈을 늦추지 않는다. 물고기 알은 물속에 사는 동물들의 별식이다. 자기도 알을 낳아 뿌렸으면서 곧장 남의 알을 집어 먹기 바쁘다. 그러다 보니 물고기 세계에서는 엄마들은 죄다 떠나고 아빠들이 집을 지킨다. 자연계를 통틀어 볼 때 홀어머니가 자식을 키우는 경우는 흔해도 홀아비 혼자 자식을 돌보는 예는 드문 법인데 유독 물고기 세계에서는 자주 부성애가 모성애를 능가한다.

나는 동물행동학을 미국에 유학한 이후에 배우기 시작하여, 부끄러운 일이지만 아직도 국내에 사는 동물들에 대해서는 아는 바가 적다. 그런 나에게 가시고기는 또 하나의 짜릿한 감흥을 던져 주었다. 우리나라에도 사는 물고기인 줄 모르고 공부했던 가시고기가 동해로 흘러드는 영동 지방의 하천들에 심심찮게 서식한다는 걸 알아내곤 뛸 듯이 기뻤다. 더욱이 지금은 강릉 비행장에 갇혀 버린 내 고향집 앞 들녘에 흐르던 개울에 특히 많이 산다는 얘기를 듣곤 잠시나마 유치한 운명론자가 되기도 했다. 어려서 삼촌과 같이 소를 먹이다 풍덩 뛰어들던 그 개울에 내가 저 먼 이국 땅까지 가서 평생의 업으로 선택한 학문의 뿌리가 숨 쉬고 있었다니.

요즘 우리 사회에는 가정을 버리는 여인들이 늘고 있다. IMF는 아빠들만 서울역 지하 차도로 내몬 것이 아니다. 젖먹이동물의 어미로서는 차마 상상도 할 수 없는 일들이 벌어지고 있다. 젖먹이동물의 암컷들은 물고기나 새들처럼 알을 몸 밖에 내놓고 품는 것조차 안심이 되지 않아 아예 몸속에 품기로 작정한 동물들이다. 아무리 뻔뻔한 남편이라도 아홉 달씩이나 무거운 몸을 가누느라 고생하는 아내를 보며 미안한 생각을 가져 보지 않은 이가 없을 줄 안다. 나도 아내가 아들 녀석을 임신하고 있었을 때 차라리 내 배 속에 좀 넣어 다닐 수 있으면 얼마나 좋을까 생각한 적이 한두 번이 아니었다.

하지만 미안한 마음은 마음이고 바로 이 암컷들의 끔찍한 자식 사랑이 젖먹이동물 수컷들을 해방시켜 준 결정적인 계기가 되고 말았다. 대부분 젖먹이동물의 경우 할 일 없는 수컷들이 슬금슬금 눈치를 보며 집을 빠져나가는 정도가 아니라 아예 암컷에게 모든 걸 떠맡기고 떠나 버리는 빌미를 제공한 것이다. 기계 문명 사회에 사는 우리들로서는 언뜻 이해가 가지 않는 일이지만 인류 종족 전부를 놓고 볼 때 우리도 어쩔 수 없이 일부다처제를 따르는 전형적인 젖먹이동물의 일종이다.

하지만 인간의 경우에는 자기 자식이 누구인지도 모른 채 떠나 버리는 식으로 진화한 것은 아닌 듯싶다. 물론 어머니의 사랑에 비하랴마는 인간이라는 동물의 아버지들은 여느 젖먹이동물의 수컷들과는 다르다. 자식의 주검 앞에서 통곡하던 어머니가 눈물도 보이지 않는 남편을 나무라자 어렵게 연 아버지의 입에선 피눈물이 흐르더라는 옛이야기도 있지 않은가.

동물 세계의 출세 지름길

몸집과 연줄이 좌우한다

동물 세계에서 출세란 과연 무엇을 의미할까? 인간 사회의 경우 출세한다는 것은 곧 사회적 지위를 얻는 것을 말한다. 사회적 지위가 높아지면 그만큼 돈과 권력이 따라오기 때문이리라. 하지만 돈과 권력에 상관없이 명예를 얻고 후세에 길이 이름을 남기는 것도 분명 훌륭한 출세련만. 그래서 호랑이는 죽어서 가죽을 남기고 사람은 죽어서 이름을 남긴다 하지 않았던가?

언젠가 도올 선생이 방송에서 한 얘기가 생각난다. 녹화를 위해 택시를 타고 방송국으로 가던 길이었다고 한다. 택시가 마침 국회의사당 앞을 지나고 있을 때 운전기사 아저씨가 점잖게 던진 한마디. "이젠 금배지를 다셔야죠." 우리 사회의 종착역은 왜 언제나 정치적 지위여야 하는가. 학식이 높은 지성인더러 왜 꼭 정치를 하라는 것인가. 지성은 지성대로 고고하게 두어야 한다. 또다시 소보巢父와 허유許由로 하여금 냇물에 귀를 씻게 하지 말았으면 한다.

동물 세계의 출세는 오로지 번식 성공도로 가늠한다. 아무리 멋진 몸매를 가지고 건강하게 오래 살았다 하더라도 새끼를 낳지 못하면 결코 성공했다 할 수 없다. 자연계의 수 컷들이 암컷들보다 한결같이 더 곱고 살가운 까닭이 여기에 있다.

동물 세계에서 수컷들이 허구한 날 서로 힘겨루기를 하는 것도 모두 암컷을 취하기 위함이다. 수컷늘 간의 경쟁에서 승자가 되어야만 암컷과 교미할 기회를 얻는다. 북방코끼리바다표범 수컷들의 싸움은 실로 처절하다. 날카로운 이빨에 무참하게 찢긴 얼굴에서 목으로 줄곧 굵은 핏줄기가 흐르건만 그들은 한참을 싸우고도 멈출 줄 모른다. 승자에게는 많으면 100마리도 넘는 암컷들을 거느릴 수 있는 부귀가 돌아오지만 패자는 변방에 내몰려 삶을 접어야 하기 때문이다.

수컷들 간의 싸움에서 승패를 결정하는 주요 요인으로 우선 몸의 크기를 들 수 있다. 대부분의 경우 몸집이 큰 수컷이 작은 수컷을 능가한다. 어떤 동물들에서는 나이가 많을수록 사회적 지위도 높다. 물론 아주 늙으면 권좌에서 밀려나지만 그때까지는 나이가 들수록 점차 지위도 높아지는 경향을 보인다. 대개의 경우 나이가 들면서 자연히 몸집도 커지기 때문에 꼭 나이가 많아 지위가 높아졌다기보다는 그만큼 힘이 세졌기 때문에 싸움에서 이길 확률이 커졌을지도 모른다.

인간과 유전자의 거의 99퍼센트를 공유하는 침팬지 사회에서는 힘과 나이도 물론 중요하지만 이른바 '끈'도 무척이나 중요하다는 연구 결과가 있다. 그래서 침팬지의 행동을 오랫동안 연구해 온 미국 에모리 대학의 프란스 드 발 교수는 "침팬지 사회에서는 무엇을 아느냐보다 누구를 아느냐가 훨씬 더 중요하다"고 말한다. 침팬지 사회에 수컷으로 태어나 제아무리 잘났다 해도 혼자서 오랫동안 권좌를 지키는 일은 결코 쉬운 일이 아니다. 그래서 침팬지 수컷들은 서로 동맹을 맺어 함께 거사를 도모한다.

제인 구달 박사가 관찰한 아프리카의 야생 침팬지 사회에서도 누구와 손을 잡느냐에 따라 출세운이 달라진다. 데이비드 그레이비어드와 골리앗이라는 이름의 두 수컷은 워낙 당당한 수컷들이기도 했지만 둘 사이의 끈끈한 우정을 바탕으로 상당히 오랫동안 권력을 누린다. 그런가 하면 별로 힘도 없고 특별한 야망도 없어 보이는 수컷들끼리 친구가 되어 권력의 세계와는 거리를 두며 조용히 살아가는 경우도 있다.

얼마 전 서울에 있는 모 대학 학생 상담소가 신입생을 상대로 실시한 설문 조사에서 신입생의 거의 절반이 출세에 가장 중요한 요인으로 권력과 배경을 꼽았다고 한다. 본인의 능력이 제일 중요하다고 대답한 학생들은 전체의 4분의 1을 조금 넘었을 뿐이다. 미래의 꿈을 실현해 줄 지식을 얻기 위해 상아탑에 들어서는 우리네 젊은이들의 의식 구조가 침팬지와 크게 다르지 않다는 점은 적지 않은 충격이었다.

최근에 학연과 지연이 우리나라를 말아먹고 있다. 공직 사회 개혁이라는 기치는 높이 들었지만 비리 소식은 끊이질 않는다. 아무리 공정하려 애써도 이런저런 끈을 타고 밀려드는 인사 청탁, 대출 청탁, 수사 청탁에 골머리를 앓는 데는 그럴 만한 생물학적 근거가 있는 셈이다. 하지만 인간의 그런 속성을 자각하고 극복할 수 있어야 비로소 인간이 만물의 영장이라 불릴 수 있는 게 아닐까.

개미들의 『삼국지』

여왕개미들의 동맹 맺기

나는 같은 책을 여러 번 읽지 않는다. 책 읽는 속도가 유난히 느리고 한 번 읽을 때 매우 꼼꼼히 읽는 편이라 같은 책을 두세 번 읽을 만큼 호흡이 길지 못하다. 나는 어쩌다 눈으로 책 읽기를 배우지 못했다. 큰 소리를 내건 아니건 간에 꼭 입으로 읽어야 하니 느릴 수밖에. 대사가 많이 나오는 책을 읽으려면 특히 많은 시간이 걸린다. 그 모든 배역들의 대사를 목소리까지 바꿔 가며 읽는다. 그래서 희곡을 처음부터 끝까지 다 읽어 본 기억이 없다. 연출하는 데 너무나 많은 시간이 들기 때문이다.

　이런 내가 유일하게 몇 번이고 읽고 또 읽은 책이 하나 있다. 바로 『삼국지』다. 중학교 1학년 때 처음 읽기 시작하여 대학을 졸업할 때까지 줄잡아 열 번은 읽었으리라. 만화로도 두어 번은 읽었다. 그런데 『삼국지』가 과연 청소년들에게 권할 만한 책이냐를 놓고 심심찮게 논란이 인다. 신의와 명분과는 애당초 거리가 먼 야심가들을 영웅으로 미화하고 상대를 속여 궁지에 몰아넣는 용병술을 가르치는 책을 감수성이 예민한 청소년들에게 권해서는 안 된다는 우려와『삼국지』의 진짜 교훈은 정의를 위해 아낌없이 목숨을 내던진 충신열사들의 무용담 속에 숨어 있다는 반론이 팽팽하게 맞선다.

사실 우리 정치판에서 벌어지는 온갖 해괴망측한 일들을 보고 있노라면 누구나 한 번쯤『삼국지』에 그려진 후한말과 삼국 시대의 세태를 연상하게 된다. 어제의 적과 아무런 거리낌 없이 한 이불 속에서 뒹굴기를 밥 먹듯 하며 전 국민을 상대로 공언한 맹세를 한 점 부끄럼도 없이 순식간에 뒤집는 우리네 정치인들. 연인이나 친구에게는 불륜과 배반의 흔적만 보여도 가차 없이 절교를 선언하지만 민족과 국가의 앞날을 짊어져야 할 정치 지도자들의 부도덕에는 슬며시 눈을 감으며 '깨끗한' 한 표를 건네는 우리 유권자들. 이 엄청난 모순 앞에서 나는 종종 동물들의 사회를 떠올린다.

중남미의 열대림에는 대나무처럼 속이 텅 빈 트럼펫나무 속에 아즈텍이라 불리는 개미들이 산다. 다 성장한 나무 속에는 어김없이 한 여왕이 통치하는 하나의 개미 왕국이 자리잡고 있지만 어린 나무 속에는 장차 그 나무를 차지하려는 여러 여왕개미들이 제가끔 자기만의 국가를 건설하느라 여념이 없다. 내가 코스타리카의 몬테베르데라는 고산지대에서 아즈텍 여왕개미들이 펼치는 개미 제국의 역사를 한 편의 대서사시로 쓰기 시작한 것도 꽤나 오래되었다.

미국 하버드 대학의 동료 생물학자 댄 펄만 박사와 함께한 연구에 따르면 이들 개미 제국에서 승자로 떠오르는 유일한 길은 주변 국가들보다 하루라도 먼저 막강한 군대를 키워 내는 것이다. 개미 왕국의 군사력이란 한마디로 일개미의 수를 의미하는데 여왕개미 혼자서 키워 낼 수 있는 일개미의 수에는 한계가 있기 마련이다. 따라서 여왕개미들이 여럿 모이면 모일수록 한꺼번에 그만큼 많은 일개미를 길러 낼 수 있다.

그래서 아즈텍 여왕개미들은 다른 여왕들과 한 살림을 차려 같은 시간 내에 몇 배의 일개미들을 길러 내는 전략으로 천하를 평정한다. 오나라가 그랬고 촉나라가 그랬듯이 전략상 다른 여왕들과 동맹을 맺는 것이다. 그런데 참으로 놀라운 일은 아즈텍 여왕개미들이 같은 종의 여왕들은 물론 다른 종의 여왕개미들과도 서슴없이 협동한다는 사실이다. 다른 종의 개미들이 협동한다는 것은 서로 다른 종족끼리 동맹을 맺는 정도가 아니다. 비유를 하자면 인간이 오랑우탄을 꺾기 위해 침팬지와 한 살림을 차리는 격이다. 이념이 다른 정치인들이 오로지 정권을 잡으려는 목적으로 합종 연횡을 밥 먹듯 하는 것과 그리 다를 바 없다.

그러나 이런 유사성을 보고 우리네 정치 성향이 개미 사회에 그 역사적 기원을 두고 있다고 결론지을 수는 없다. 그렇다면 우리는 이른바 '자연주의적 오류'를 범하게 된다. 개미는 우리와는 전혀 다른 진화의 역사를 걸어온 곤충의 일종이다. 그들의 사회는 조지 오웰이 묘사한 것처럼 개인의 존엄성보다는 집단의 이익이 우선시되는 사회다. 여왕개미가 내뿜는 강력한 화학 물질에 세뇌된 수천수만의 일개미들이 엄청난 자기 희생을 감수하며 유지되는 일종의 전체주의 사회인 것이다. 우리가 추구하는 민주 사회와는 근본적으로 다르다.

그러나 합리적인 면만 생각한다면 인간의 민주주의 체제보다 개미의 제도가 더 훌륭하게 느껴진다. 소속 정당에서 대선 후보로 선출되는 과정에서 이미 만신창이가 다 돼버리는 우리의 제도에 비하면 천하가 평정된 다음에야 누가 진정한 여왕으로 등극할지를 결정하는 개미들의 지혜가 훨씬 앞선 듯 보인다. 하지만 진화란 언제나 좀 더 합리적인 방향으로 움직이는 것은 아니다. 상황에 따라 그때그때 더 유리한 방향으로 흘러갈 뿐이다.

인간이 다른 동물들에 비해 특별히 도덕적인지는 보는

관점에 따라 다르겠지만 그 어느 동물들보다 유난히 도덕을 운운하며 사는 것만은 분명하다. 인간이 이처럼 '도덕적인 동물'로 진화하게 된 이유는 도덕과 윤리 기준에 맞게 행동하는 이들이 우리 사회에서 오랫동안 직접 또는 간접적으로 이득을 거두었기 때문이다. 물론 서로 간의 약속 이행에 의견 차이가 없는 것은 아니다. 그래서 우리는 법이란 걸 만들었고 변호사라는 직업도 생겨난 것이다. 그러나 법을 아무리 주도면밀하게 만들어도 사회 구성원들의 도덕성이 기본이 되지 않는 한 올바른 사회 질서는 기대하기 어렵다.

나는 "선善과 악惡이 모두 나의 스승"이라고 한 공자님 말씀을 늘 선행이 이루어지는 가운데 간혹 벌어지는 악도 선한 눈으로 바라보면 배울 것이 있다는 뜻으로 해석한다. 그런데 악행이 선행보다 더 만연되어 있고 악을 행하더라도 성공만 하면 별 문제 없이 칭송받는 요즘 같은 세상에 악에서 선을 끌어내라는 가르침이 얼마나 효과가 있을지 사실 조금은 걱정스럽다. 이 시대의 청소년들이 『삼국지』를 읽으며 마키아벨리식 권모술수를 자칫 삶의 지혜로 배울까 염려하는 이들의 심정도 충분히 이해할 수 있을 것 같다.

얼마 전에도 청소년들이 방학 중에 읽을 만한 책을 추천해 달라는 어느 신문사의 요청에 건네준 내 도서 목록에는 어김없이 『삼국지』가 들어 있었다. 언젠가 소설가 이문열 님이 지적한 "직접적인 징벌의 형태로든 간접적인 비난의 형태로든 대가 없이 성공하지 못한다"는 『삼국지』의 참 교훈이 우리 아이들의 가슴속에 남을 것을 기대하며, 다른 많은 동물들과는 달리 도덕적이 되려는 노력을 포기하지 않는 인간이라는 묘한 동물에 또 한 번 실낱같은 희망을 건다.

야생 동물을 잡아먹는 어리석음

안전한 먹을거리가 건강에도 좋다

고등학교 시절 어느 영어 참고서에 "굴을 이 세상에서 제일 먼저 먹기 시작한 사람만큼 용감한 사람은 없을 것이다"라는 짤막한 글이 실린 적이 있었다. 굴을 즐기는 사람들은 눈 하나 깜짝하지 않을 일이겠지만 생굴은 참 징그럽게 생긴 게 사실이다. 껍질도 울퉁불퉁 그리 잘생긴 건 아니지만 생굴의 그 물컹물컹한 것이란 천식이 심한 사람이 뱉어 놓은 가래 같기도 하고 비 갠 후 껍질 없이 슬금슬금 기어다니는 민달팽이 같기도 한 것이 그리 상쾌한 모습은 결코 아니다.

우리는 동물들을 흔히 초식 동물과 육식 동물로 나눈다. 소나 말 같은 동물들은 초식 동물이고 호랑이 사자는 대표적인 육식 동물이다. 하지만 들에서 풀을 뜯던 소가 어느 풀잎에 진딧물이 앉아 있다고 해서 가려 먹지는 않는다. 초식 동물이란 식물성 먹이를 주식으로 하는 동물일 뿐 절대로 육식을 하지 않는 것은 아니다.

실제로 케임브리지 대학 연구진은 붉은큰뿔사슴들이 풀숲에 만들어 놓은 둥지 속의 새끼새들을 넙죽넙죽 집어 먹는 것을 여러 번 관찰했다. 제인 구달 박사도 초식만 하는 줄 알았던 침팬지들이 게걸스레 고기 먹는 모습을 처음으로 목격하곤 상당히 놀랐다고 한다. 침팬지들은 사실 육식을 좋아하지만 고기를 자주 먹을 수 없기 때문에 손쉽게 구할 수 있는 과일을 주로 먹고 산다고 해도 과언이 아닐 것이다. 이처럼 동물들이 주로 먹는 것이 무엇이냐에 따라 우리가 그들을 구분하는 것이지 그들이 항상 우리의 분류 체계를 따르는 것은 아니다.

자연계에서 인간처럼 다양한 종류의 음식을 즐기는 동물도 그리 흔하지 않다. 인간 외에도 이른바 잡식성 동물들이 없는 건 아니지만 우리들의 식성에 견줄 만한 동물은 없는 것 같다. 인간하고 살다 보면 식성도 덩달아 게걸스러워지는지 집에서 기르는 개들은 결국 그 집안 식성을 어느 정도 따르게 마련이다. 그래서 그들의 먼 조상인 늑대의 식단과 비교하면 적지 않은 차이가 있다.

지역과 종족에 따라 음식 문화처럼 판이하게 다른 것도 별로 없다. 파나마의 스미스소니언 열대연구소에 있던 시절 얘기다. 세계 각국에서 모인 생물학자들이 어느 날 서로 자기 집 자랑을 하는 골목길의 아이들처럼 각기 자기 나라의 기이한 먹거리 풍습을 늘어놓게 되었다. 이탈리아나 그리스에서 온 친구들의 자랑이 만만치 않았다. 그러나 "우린 멍게도 먹는다"는 나의 폭탄 선언에 싸움은 싱겁게 끝나고 말았다. 국제 경기에서 내가 금메달을 딴 유일한 순간이었다.

동물들의 식단을 조사해 보면 대체로 우리보다 훨씬 보수적이다. 조상 대대로 먹던 것을 그대로 먹고 산다. 그들이라고 우연히 발견한 맛있는 음식을 마다할 이유는 없지만 새로운 식단을 개발하는 것은 그리 쉬운 일이 아니다. 일단 먹어 봐야 하고 먹어도 아무런 이상이 없다는 걸 경험을 통해 터득해야 하기 때문이다. 인간 사회처럼 과학이 발달하여 새로운 먹을거리를 미리 화학적으로 분석하여 안전성을 점검할 수 없는 동물들에게는 결코 간단한 문제가 아닐 것이다.

오래전 영국에서는 이른 아침 집 앞에 배달된 우유병의 마개를 찢고 우유 위에 떠 있는 기름켜를 먹어 치우는 박새들이 등장했다. 당시는 지금처럼 우유에서 크림을 걷어 내던 시절이 아니었기 때문에 찬 공기를 맞으면 우유 위에 기름이 두툼하게 뜨곤 했다. 콜레스테롤이란 말만 들어도 입맛을 잃고 마는 현대인과는 달리 박새들에게는 그 큼직한 기름덩이가 더할 수 없이 달콤한 별식이다. 결국 이 같은 박새들의 새로운 먹을거리에 대한 습성은 영국 전역으로 퍼져 나갔고 우유 회사는 끝내 돌려서 닫는 마개를 써야 했다. 그러자 박새들은 투덜투덜 다시 예전에 먹던 뻑뻑한 음식으로 돌아갈 수밖에 없었다.

우리가 먹고 있는 모든 먹을거리들은 다 오랜 기간 동안 시행착오를 겪으며 특별한 요리법으로 개발한 것들이다. 식물은 모두 곤충들의 공격에 대비하여 이른바 '2차 화학 물질Secondary chemical'이라 부르는 독성 물질을 지니고 있다. 우리 인간의 요리에 빠질 수 없는 양념은 모두가 이런 식물들의 독성 물질이다. 물론 쌉쌀한 맛 때문에 일부러 먹는 채소들도 있지만 말이다. 매일같이 우리 식단에 오르는 기본 채소들은 모두 오랜 교배 실험을 통해 독성 물질들을 어느 정도 다스려 놓은 것들이다.

또, 야생 동물의 몸은 온갖 기생충으로 들끓는다. 나는 미국에서 알래스카 바닷가 벼랑에 서식하는 갈매기와 바다오리의 기생충들의 생태를 연구하여 석사 학위를 받았다. 무려 100마리가 넘는 새들을 조사했는데 기생충을 갖고 있지 않은 새는 한 마리도 없었다. 몸에 이, 벼룩, 진드기 등이 더덕더덕 붙어 있으며 장속에는 회충을 비롯한 온갖 벌레들이 득시글거리고 작은 혈관 속까지도 원생생물들로 들끓고 있었다. 놀랍게도 3천 마리가 넘는 진드기들에게 밤낮없이 피를 빨리는 새도 있었다. 인간이 기르는 농작물이나 가축들은 모두 맛이나 생산성도 고려했지만 이 같은 해로운 요소들을 제거한 '안전한' 먹을거리들이다.

최근 들어 야생 동물의 포획이 기승을 부리고 있다. 정육점에 가면 좋은 고기들이 남아돌 지경인데 무슨 까닭에 야생 동물들을 먹는단 말인가. 얼마 전 강원도에 산불이 났을 때 덫에 발목이 걸려 까맣게 타 버린 동물들의 모습은 차마 눈 뜨고 보지 못할 지경이었다. 명색이 동물행동학자지만 연구를 하고 싶어도 개체수가 부족하여 제대로 못하고 있는 실정인데 그나마도 씨를 말리고 있다. 이제 야생 동물을 잡는 사람은 물론 그것을 먹는 사람도 엄벌에 처한다니 무척 반가운 일이다.

평생 야생 동물을 연구한 사람으로 야생 동물을 먹는 이들에게 꼭 한 마디만 하고 싶다. 자연 보호는 둘째치고 건강을 생각해서라도 야생 동물을 잡아먹는 일은 얻는 것보다 잃는 것이 훨씬 더 많은 참으로 어리석은 짓이다. 그 옛날 처음으로 굴을 먹어 본 고마운 조상님들 덕분에 인류 역사상 가장 안전한 식탁을 맞이하는 이 시대에 어찌하여 그 암흑 시대로 자진하여 돌아가려 한단 말인가.

동물 속에 인간이 보인다

동물 사회의 열린 경쟁

친형제를 죽이는 백로와 하이에나

우리는 바야흐로 무한 경쟁 시대에 살고 있다. 석기 시대를 배경으로 만든 〈플린스톤〉이라는 영화에 주인공 프레드가 친구들과 볼링을 하는 장면이 나온다. 울퉁불퉁한 돌공을 굴려 놓곤 온갖 몸짓을 다 동원하여 어렵게 얻어낸 스트라이크에 그는 더없이 기뻐한다. 작은 석기 시대 마을에서 그 누구보다도 훌륭한 볼링 선수라는 자부심에 그는 행복하다.

그러나 그가 만일 현대에 다시 태어나 텔레비전을 통해 거의 매회 스트라이크를 치는 세계적인 볼링 선수들을 보게 된다면 과연 어떤 기분이 들까? 날이 갈수록 좁아지는 이 세계에서 우리들의 경쟁 상대는 더 이상 우리 마을에 사는 아무개가 아니다.

IMF 사태가 실물 경제의 붕괴가 아니라 외환 관리의 미숙에서 비롯되었음은 무엇을 의미하는가? 우리가 원하든 원하지 않든 세계는 이미 하나의 거대한 경쟁 체제 속에 묶여 있다. 60억 세계인을 상대로 벌이는 이 엄청난 경쟁에서 살아남으려면 우린 어쩔 수 없이 나라 안에서부터 경쟁해야만 한다.

백로들은 그래서 둥지 안에서부터 피비린내 나는 경쟁을 시작한다. 같은 어미가 낳은 친형제들끼리 서로 둥지 밖으로 밀어 떨어뜨리거나 어미에게 먹이를 받아먹지 못하게 하여 끝내 죽게 만든다. 하지만 어미는 이 끔찍한 사건들을 그냥 바라보기만 한다. 마치 그럴 줄 알았다는 표정으로 물끄러미 바라볼 뿐이다. 사실 둥지를 떠나 살아남지 못할 자식은 일찌감치 사라지는 것이 어미에게도 훨씬 경제적일 것이다.

하이에나도 대개 두 마리의 새끼를 낳는다. 백로의 경우와 흡사하게 하이에나 형제도 서로 치열한 경쟁을 벌인다. 하이에나는 태어날 때부터 아예 보기에도 섬뜩할 정도로 잘 발달된 송곳니를 갖고 있다. 그 날카로운 송곳니로 호시탐탐 서로 물어 죽일 기회만 노린다. 결국 그리 오래지 않아 둘 중 하나가 형제를 물어 죽이고 어미는 한 마리의 새끼만 거두면 된다. 언뜻 부질없는 낭비처럼 생각되지만 경쟁은 그들이 사회에 적응하기 위해 갓난아기 때부터 겪어야 하는 삶의 역정이다.

IMF 홍역을 치른 우리 경제계는 무한 경쟁의 의미를 비교적 잘 인식하고 있는 것 같다. 문화계도 서서히 잠에서 깨어나 일본 문화도 포용하겠다며 손을 내밀고 있다. 그런데 어찌 된 일인지 시대적 변화를 주도해도 시원치 않을 학계가 제일 늑장을 부리고 있다. 늑장을 부리는 정도가 아니라 추하게 버티고 있다.

프랑스 파리 대학은 국적에 상관없이 세계적인 두뇌들을 유치하기 위해 노력하는데 우린 아직도 같은 대학은 물론, 같은 과 출신이냐 아니냐를 따진다. 교수가 좀 더 학세적인 강의를 하기 위해 새로운 과목을 개설하고 싶어도 다른 학과에서 자기네 학과명이 그 강좌명에 들어 있다고 반대한다. 어느 학과가 좀 더 미래 지향적으로 이름을 바꾸려는데 다른 학과들의 반대로 못하고 있다.

내가 내 이름이 마음에 들지 않아 좀 더 매력적인 이름으로 바꾸고 싶으면 소정의 합법적인 절차를 밟으면 가능한 것으로 안다. 성을 바꾸는 것도 아니고 내가 내 이름을 바꾸는 것인데 옆집 아저씨가 필사적으로 반대할 이유가 없다. 왜 우리는 남이 뭘 어떻게 하려는지에 대해 이토록 민감하게 반응하는 것인가.

국제 학술지에 논문 한 편 실은 적 없는 교수들이 국제 학술지에 실릴 논문을 문제 삼아 같은 과 동료 교수의 자질

부족을 빌미로 재임용에서 탈락시켰다. 재임용에 탈락한 그 교수는 선배 교수들을 비판한 죄로 부당한 탄압을 받았다고 주장하며 강의를 계속 고수했다. 대학 안에서 해결하지 못해 이 문제는 급기야 법정에까지 갔다. 그리고 법정이 그 교수의 손을 들어 주자 이번엔 대학 본부가 항소를 했다. 아마 그런 일을 한 번 묵인했다가는 앞으로 종종 이견을 제기하는 교수들로 골치를 썩일 것 같았던 모양이다.

어느 예술 학교가 국립 대학으로 발돋움하기 위해 날개를 펴려 하니 옆 둥지의 새들이 홰를 친다. 열심히 일하겠다고 자리를 마련해 달라는 학교를 결승 리그에 진출조차 못하도록 막으려 한다. 무엇이 그렇게 두려운가. 그 학교 하나를 막았다고 세계 여러 나라 예술 학교들과의 경쟁을 피할 수 있다고 생각하는가.

우리 스스로가 깨끗하고 아름다운 경쟁을 하지 않으면 결코 남과의 경쟁에서 이길 수 없다. IMF를 겪고 나서도 우물 안 개구리를 탈피하지 못해서야 어떻게 또 다른 IMF를 겪지 않으리라고 확신할 수 있겠는가. 나라 안의 건전한 경쟁이 나라 밖의 치열한 경쟁에 대비할 수 있는 저력이 되는데도 말이다.

경쟁조차 할 수 없게 법으로 막는 일은 동물 사회 어디서도 발견할 수 없다. 어미 백로나 어미 하이에나는 경쟁이 두려워 미리 자기가 기를 수 있을 만큼의 새끼만을 낳는 비겁한 일은 하지 않는다. 둥지 안의 경쟁을 통해 좀 더 강인한 자식들을 세상에 내놓을 수 있음은 물론 때로 먹을 것이 의외로 풍부한 해에는 낳은 새끼 모두를 훌륭하게 키울 수도 있기 때문이다. 열린 경쟁만이 무한 경쟁에 대비하는 길이다.

이보다 더 잔인할 수는 없다

말벌 어미의 지나친 자식 사랑

이 세상에서 가장 잔인한 동물은 과연 누구일까? 어떤 기준으로 잔인함을 정의하느냐에 따라 여러 가지 대답이 나올 수 있겠으나 우리는 결국 우리 자신에게 손가락을 돌리게 된다.

8개월이나 된 아기를 몸속에 품은 젊은 여인이 여덟 살배기 소녀를 유괴하여 살해한 사건이 한때 우리들 가슴을 서늘하게 했다. 신문지상에 거의 하루도 빠지지 않고 보도되는 온갖 모습의 살인 사건들부터 전쟁으로 벌어지는 엄청난 대량 학살에 이르기까지 우리 인간처럼 같은 동료 인간을 우습게 죽여 버리는 동물은 거의 없는 것 같다.

사슴이나 영양을 잡아 얼굴에 온통 피를 묻히며 살을 뜯어먹는 호랑이나 늑대들의 모습을 보며 우린 끔찍해한다. 그러나 이런 맹수들의 행동은 자연 생태계의 먹이 사슬이라는 관점에서 보면 지극히 당연하고도 자연스런 모습이라 할 수 있다. 우리도 그 누군가가 소를 잡아 칼로 살을 베어 내는 일을 대신해 줄 뿐이지 아직 핏기도 채 가시지 않은 스테이크를 즐기곤 하지 않는가.

늑대나 호랑이 같은 맹수들은 늘 으르렁거리며 싸우지만 서로 부상을 입히는 일은 있을지언정 동종끼리 죽이는 경우는 거의 없다. 그에 비하면 우리 인간은 다른 동물들은 말할 것도 없고 때로는 다른 사람들도 너무 쉽게 죽인다. 자기 터를 침범했다고 하여 총을 쏘기도 하고, 기분을 상하게 했다고 칼을 휘두르기도 하며, 오랜 세월 쌓인 사무친 원한을 풀기 위해 남을 죽이기도 한다.

자연계에서 인간 외에 대량 학살을 자행하는 동물로는 개미와 벌을 들 수 있다. 일정 지역에 너무 여러 군락들이 세워지게 되면 그들도 우리 인간과 마찬가지로 전쟁을 일으킨다. 따뜻한 봄날 오후 집 앞 인도에 개미들이 새까맣게 기어 나와 서로 물고 뜯는 걸 본 일이 있을 것이다. 물론 적지 않은 사망자를 낼망정 국지전으로 끝나는 경우가 많다. 하지만 한쪽 군락이 절대적으로 열세임이 드러나면 아예 적진 깊숙이 굴속까지 쳐들어가 마침내 여왕을 살해하고 그 군락의 애벌레들을 업어 오기도 한다.

공교로운 일은 인간을 비롯하여 개미나 벌 등 대량 학살

을 감행하는 동물들이 모두 고도로 발달된 사회를 구성하고
사는 동물들이라는 점이다. 대량 학살은 사회성의 진화에
어쩔 수 없이 수반되는 필요악인가 보다.

중학생 시절, 옛날 고려 시대에 늙은 부모를 산 채로 내
다 버리던 이른바 고려장이라는 풍습이 있었다고 배운 기억
이 난다. 아무리 살기가 어려웠다고 해도 참으로 상상하기
어려운 일이다. 하지만 최근 한국역사연구회에서 출간한 책
에 의하면 실제로 그런 악습이 있었던 것은 아니라고 하니
한결 마음이 가벼워진다.

칠순이 되신 할아버지를 지게에 지고 산으로 향하는 아
버지를 따라나섰던 어린 아들이 할아버지를 태웠던 지게를
다시 짊어지려 할 때, 아버지가 왜 지게는 다시 가져가느냐
고 묻자 아들이 "아버지도 늙으면 이 지게에 태워 이곳에 버
리려고요"라고 대답했다는 일화까지 있었다고 한다. 고려장
풍습이 특별히 우리 마음을 에는 까닭은 자식에게 버림받은
노인이 물도 음식도 먹지 못한 채 서서히 고통스럽게 죽어
갈 것이 상상되기 때문이다.

아마도 가장 잔인한 죽음은 이렇듯 오랜 시간에 걸쳐 정
신과 육체를 잠식시키는 것일 듯싶다. 그런데 물론 자식을
위해 하는 일이기는 하나 이 같은 일을 서슴없이 해치우는
동물이 있다. 우리나라에도 흔하게 서식하며 단독 생활을

하는 몇몇 말벌들의 암컷은 송충이나 메뚜기를 잡아 땅굴 속에 묻고는 그 몸에 알을 낳는다. 그러면 알에서 깨어난 말벌 애벌레들은 바로 자기들이 몸담고 있는 송충이나 메뚜기의 살을 먹으며 성장하게 된다.

그런데 일찍이 파브르도 그의 곤충기에 적었지만 정말 소름이 끼칠 정도로 잔인한 사실은 어미 말벌이 자기 자식들의 먹이가 될 곤충을 완전히 죽이는 것이 아니라 신경만 부분적으로 마비시켜 자식들에게 늘 신선한 고기를 먹을 수 있게 만든다는 것이다. 경기도 포천 이동의 갈비가 특별히 맛있는 이유가 그곳에서는 늘 즉석에서 소를 잡아 신선한 고기를 구워 주기 때문이라고 한다.

요즘은 우리 음식이 세계 각국에 잘 소개되어 한국을 방문하는 외국 친구들에게 식사 대접하는 일이 그리 어렵지 않다. 김치는 말할 것도 없고 웬만한 우리 음식을 거리낌 없이 덥석덥석 집어 먹는다. 그런데 그들이 기겁을 하며 못 먹는 게 두 가지 있다. 길모퉁이 수레에서 파는 번데기가 하나고 산낙지가 다른 하나다. 분명히 살아 꿈틀거리는 낙지의 다리를 토막쳐 입안에 넣으면 빨판이 입천장에 들러붙어 살겠다고 온통 난리다.

말벌 어미의 지나친 자식 사랑에 어차피 맞이할 죽음이지만 그 송충이와 메뚜기가 겪어야 할 끔찍한 느낌을 상상

해 보라. 오랫동안 좁은 공간에 갇혔어도 정신은 말똥말똥
한데 누군가 서서히 내 몸 한구석을 먹어 들어오고 있다고
상상해 보라. 아무리 먹고 먹히는 게 자연의 섭리라 하지만
왠지 몸서리가 쳐진다.

공룡의 피는 따뜻했다

한반도는 공룡 천국이었다

과학자답지 못한 얘기겠지만 나는 공상 과학 영화를 그리 즐기지 않는다. 1960년대와 1970년대의 공상 과학 영화는 솔직히 너무 유치해서 싫었다. 당시 TV에서 방영하던 〈우주 가족〉이란 드라마를 가끔 본 기억이 있는데, 행동이 부자연스런 로봇을 보며 미래에 대한 나의 기대는 다분히 냉소적이 될 수밖에 없었다. 그런가 하면 요즘의 공상 과학 영화들은 우리의 상상력을 자극하기보다는 지나치게 자극 그 자체에 목을 매는 것 같아 또한 별 매력을 못 느낀다.

그런 내가 유일하게 감명받은 영화가 있다. 스티븐 스필버그 감독의 〈쥬라기 공원〉이다. 이 영화는 〈제니의 초상〉, 〈사랑할 때와 죽을 때〉, 〈만추〉 등과 함께 내가 가장 좋아하는 영화 중의 하나가 되었다. 지구에 살았던 가장 거대한 초식 동물 중의 하나였던 브라키오사우루스가 뒷

발에 몸을 싣고 높은 가지의 나뭇잎을 뜯는 장면에서 나는 그만 영화 속으로 빨려 들어가고 말았다. 실제로 그 거대한 동물을 내 눈앞에서 본 것처럼 가슴 뜨거운 흥분을 한껏 느낄 수 있었다.

많은 아이의 경우 공룡에 관심을 갖는 시기가 있다. 우리 꼬마도 세 살 무렵 매일 공룡에 파묻혀 살았다. 그 발음하기도 어려운 공룡 이름들을 줄줄 꿸 뿐 아니라 마치 직접 키워 보기라도 한 듯 그들의 습성에 대해 이것저것 떠들곤 했다. 영화 〈쥬라기 공원〉에서 평원을 가로질러 달려오는 타조떼 같은 공룡의 이름을 미처 기억해 내지 못하던 그랜트 박사도 곁에 서 있던 아이에게 도움을 청한다. 아이는 그리 어렵지 않게 갈리미무스라는 이름을 떠올린다. 어른들에게는 그토록 어려운 공룡의 이름들이 아이들에게는 마치 친구 이름처럼 친숙한 모양이다.

공룡은 어떻게 우리의 마음을 이처럼 사로잡을 수 있는가? 아마도 그들이 지닌 신비로움 때문일 것이다. 중생대 시절 이 지구를 호령하던 그들이 지금으로부터 약 6천 5백만 년 전 거의 동시에 모두 사라져 버린 그 엄청난 비밀 말이다. 그들은 과연 어떤 동물들이었을까? 세계 각처에서 많은 화석이 발견되고 있지만 화석으로 남을 수 있는 몸 부위가 단단하고 썩지 않는 뼈와 알껍데기 등으로 한정되어 있기 때문에 그들에 대한 우리의 궁금증을 풀기에는 늘 부족하다.

몸의 전체적인 모습이나 비늘로 덮인 피부로 미루어 공룡을 파충류의 일종으로 생각하는 사람들도 많다. 파충류는 변온 동물이므로 항온 동물인 우리들처럼 음식물에서 생성되는 화학 에너지로 몸을 덥히는 것이 아니라, 볕이 드는 곳과 그늘을 옮겨 다니며 체온을 조절한다. 열대 지방에서 동물들의 생태와 행동을 연구하다 보면 도마뱀을 연구하는 생물학자들을 종종 만난다. 언젠가는 도마뱀을 연구하고 싶어하는 학생이 나를 찾아올지도 모른다는 생각에 그들이 연구하는 모습을 관찰하러 따라나서곤 한다. 그런데 도마뱀과 같은 변온 동물들의 행동은 좀 지루한 느낌을 준다. 그들은 체온을 조절하기 위해 하루의 대부분을 양지와 음지를 번갈아 왔다갔다하며 보낸다.

만일 브라키오사우루스가 변온 동물이라고 가정해 보자. 그 거대한 몸을 덥혀 활동하려면 아침나절 따뜻한 곳으로 옮겨도 저녁 때나 돼야 발가락이라도 하나 움직일 수 있지 않을까 싶다. 그러면 또 해가 지고 차가운 밤이 올 것이 아닌가. 한번 제대로 움직여 보지도 못하고 매일 몸이 덥혀지길 기다리다 결국 죽고 말았을 것이다.

실제로 스티븐 스필버그 감독의 과학 자문으로 〈쥐라

기 공원〉 제작에 참여했던 유명한 공룡학자 로버트 배커 Robert Bakker는 이 같은 간단한 논리를 바탕으로 공룡은 항온 동물이라고 주장했다. 그는 척추 동물의 뼛속에는 혈관과 신경이 지나갈 수 있도록 무수히 많은 관들이 분포하는데 박물관에 있는 공룡 뼈를 절단해 본 결과 그 관들이 파충류보다는 훨씬 빽빽이 들어차 있어 조류나 포유류에 더 가깝다는 것을 발견했다. 그만큼 몸의 온도를 일정하게 유지하기 위해 늘 따뜻한 피를 온몸 구석구석에 공급한 증거라는 것이다.

최근에는 또 심장이 거의 완벽하게 보존된 공룡 화석이 발견되어 그들의 심장이 우리처럼 네 부분으로 나뉘어 있다는 사실이 밝혀졌다. 악어류를 제외한 모든 파충류와 양서류의 심장은 세 부분으로 나뉘어 있다. 심방은 좌심방 우심방으로 나뉘어 둘이지만 심실은 하나인 것이다. 악어들은 심장만 네 부분으로 나뉘어 있는 게 아니라 실제로 다른 많은 면에서 새들과 가장 가까운 사촌임이 밝혀졌다.

공룡 화석이 많기로 가장 유명한 곳은 중국 북부와 몽고에 걸쳐 있는 고비 사막이다. 이곳이 그 옛날 중생대 시절에도 특별히 공룡들이 많이 모여 살던 곳이었는지는 확실치 않으나 사막이란 지형적 특성으로 화석이 비교적 잘 보존된 까닭도 있을 것이다. 최근 발견되는 공룡 화석을 보면 우리나라도 옛날엔 공룡들의 천국이었던 모양이다. 남해안 바닷가에서 공룡 발자국을 찾는 일은 이제 그리 대단한 뉴스거리도 되지 못한다. 발자국의 모양이나 크기 그리고 숫자로 미루어 볼 때 작은 공룡들도 아니고 거대 초식 공룡들이 떼 지어 다니던 곳이었다.

그 거대한 공룡들이 이 작은 반도 끝의 바닷가에서 도대체 무얼 했을까 의아해하는 이들도 있을 것이다. 그렇지만 우리나라 남해안은 아마도 그 옛날 바닷가가 아니었을 것이다. 비교적 지대가 낮은 곳이었을 뿐이리라. 다도해라 불릴 만큼 많은 남해의 섬들은 모두 그 당시 바닷물에 잠기기 전에는 작은 산봉우리들이었을 것이다.

어쨌든 지금 우리가 걸어 다니는 이 땅에 그 거대한 동물들이 활보했다 생각하면 괜히 어깨가 으쓱거린다. 하지만 이런 공룡 천국에 공룡을 연구하는 학자가 몇 안 된다 하니 어쩐지 서글프다.

거미들의 지극한 자식 사랑

자신의 몸을 먹이는 염낭거미

보건복지부의 발표에 따르면 미아가 되거나 버려진 아이들이 1999년에는 9천 명, 2001년에는 조금 줄어들어 5천 8백여 명에 이르렀다. IMF 위기를 겪으며 경제적으로 어려워진 부모들이 임시 보호소에 '잠시' 맡겨 놓은 아이들부터 미혼모들이 양육을 포기하여 입양을 기다리고 있는 갓난아기들에 이르기까지 나라가 온통 버림받은 아이들로 울먹이고 있다. 이러고도 곧 선진국이 되리라고 어깨를 펼 수 있는가?

사람들은 흔히 '거미' 하면 거미줄을 쳐 놓고 가만히 앉아 먹이가 걸리기를 기다리는 종류만 떠올리지만, 실제로 세상에 사는 거미들의 거의 절반은 거미줄을 치지 않고 자유롭게 먹이를 사냥하는 거미들이다.

다음은 독거미를 연구하는 어느 생물학자가 자신의 경험을 적은 이야기다. 그는 땅속에 굴을 파고 납작한 흙덩이를 맨홀 뚜껑처럼 덮고 들어앉아 있다가 굴 가까이 지나가는 먹이를 잽싸게 낚아채는 거미를 연구하고 있었다.

어느 날 그는 독거미 암컷 한 마리를 채집했다. 그 거미 암컷들이 흔히 그렇듯이 그 암컷도 등 가득히 새끼들을 오그랑오그랑 업고 있었다. 나중에 실험실에서 자세히 들여다보기 위해 알코올 표본을 만들기로 했다. 새끼들을 털어 내고 우선 어미부터 알코올에 떨궜다. 얼마간 시간이 흐른 뒤 어미가 죽었으리라 생각하고 이번엔 새끼들을 알코올에 쏟아부었다. 그런데 죽은 줄로만 알았던 어미가 홀연 다리를 벌려 새끼들을 차례로 끌어안더라는 것이다. 어미는 그렇게 새끼들을 품 안에 꼭 안은 채 서서히 죽어 갔다.

자식을 위해 희생하는 부모로 염낭거미를 따를 자 있으랴. 염낭거미 암컷은 번식기가 되면 나뭇잎을 말아 작은 두루주머니를 만들고 그 속에 들어앉아 알을 낳는다. 새끼들을 온갖 위험으로부터 보호하기 위해 밀폐된 공간을 만들었지만 그들을 먹일 일이 큰일이다. 그래서 염낭거미 어미는 자신의 몸을 자식들에게 먹인다. 어머니의 깊은 사랑을 아는지 모르는지 새끼들은 어미의 살을 파먹으며 성장한다.

우리들 대부분이 징그럽다 피하는 거미들의 자식 사랑이 이처럼 지극한데 어쩌다 우리 인간이 스스로 자식을 내동댕이치는 미물이 되었는가. 사실 자연계를 통틀어 인간만큼 끔찍하게 자식을 돌보는 동물은 없다. 코끼리가 무려 22개월 동안 임신해 있는 것에 비하면 아홉 달은 그리 대단한 것 같지 않지만 몸집에 비하면 유난히 긴 시간이다. 갓 태어났을 때 긴수염고래 새끼 몸무게의 천분의 1밖에 안 되는 아기를 만들면서 그렇게 오랫동안 배 속에 품는 까닭이 무엇일까.

태어난 후 자립 능력이 없기로는 인간이 단연 으뜸이다. 망아지는 어미 몸을 빠져나오기 무섭게 툭툭 털고 일어선다. 처음에는 좀 비틀거리며 몸을 가누기 어려워하지만 그리 오래지 않아 바람을 가른다. 우리 아기들이 겨우 몸을 뒤집을 무렵이면 원숭이 새끼들은 뛰어다닌다. 같은 영장류라도 우리만큼 무기력한 아기를 낳는 동물은 없다.

실제로 인간은 신경계가 미완성인 채로 태어난다. 대체로 신경 세포들은 갖추고 태어나지만 그들이 서로 손을 잡고 온갖 회로망을 만드는 일은 대부분 태어난 후 약 3년 동안에 이루어진다. 엄마의 자궁 속에서 미리 모든 회로망을 만들고 나와 주어진 세계에 막무가내로 부딪치는 것이 아니라 자기가 살아가야 할 세계의 자극에 맞도록 효율적인 회로망을 만드는 것이다. 최근 일본 학자들의 연구에 따르면 이런 회로망 만들기가 심지어 사춘기에도 일어난다.

아무리 자식이 미덥지 않아 보이더라도 우리네 부모님

들은 좀 별난 듯싶다. 시집 장가 다 보낸 자식들까지도 마음이 놓이지 않아 평생을 두고 돌보시는 것이다. 물론 예전에 비해 맞벌이 부부가 많아서도 그렇지만 다 큰 자식들이 여전히 나이 드신 부모님에게서 김치를 가져다 먹는다. 요즘 젊은이들의 씀씀이가 늘어서 그런지는 몰라도 예전에 우리 부모님들은 그 박봉을 가지고도 한 푼 두 푼 모아 집을 장만하셨다는데 요즘 젊은 부부들의 내 집 마련은 날이 갈수록 더 어렵기만 하다. 절약이 몸에 배어 여유가 생겨도 실컷 써 보지도 못하는 부모들은 급할 때마다 달려와 마치 맡겨 놓은 돈 찾아가듯 너무도 쉽게 손을 벌리는 자식들을 끝내 물리치지 못한다.

자식이 대학만 가면 독립시킨다던 미국 부모들도 요즘엔 다르다. 미국 경제가 전례 없는 호황이라 떠들지만 모두가 다 잘사는 것은 아니다. 전쟁에서 돌아온 젊은이들에게 삶의 터전을 마련해 주기 위해 국가가 적극적으로 국민 복지에 신경 쓰던 시대를 살았던 부모 세대에 비해 자식 세대의 경제적 자립 시기는 점점 늦어지고 있다. 미국에서도 요즘 돈을 빌려주는 형식으로 자식에게 집을 사 주는 부모들이 늘고 있다고 한다. 심지어 아예 결혼도 하지 않고 부모 집에 들어와 함께 사는 자식들도 있다. 그런 자식들을 부모는 그저 말없이 끌어안는다.

이렇게 생겨 먹은 동물이 우리 인간일진대 자식을 버려야 하는 미혼모의 마음은 오죽하겠는가. 여고생이 아무도 몰래 아이를 낳아 화장실에 버리는 애기도 가끔 들려온다. 예전 아이들에 비해 훨씬 발육이 빨라 차려입고 나서면 성인인지 아닌지 구별하기 힘든 고등학생들이 너무도 많다. 중학생들 중에도 그 정도 변신은 누워서 떡 먹듯 해치울 수 있는 아이들이 적지 않은 것 같다. 주체할 수 없는 욕망을 그 어설픈 교복 안에 애써 잡아 두려는 젊음이 서럽기까지 하다. 몸은 이미 성에 눈뜬 지 오래다. 다만 성에 대한 가치관과 지식이 따르지 못할 뿐이다. 젊은이들의 성이 문란하다고만 탓하지 말고 올바른 성의 개념과 생활 태도를 가르쳐야 한다. 우리 아이들로 하여금 스스로를 사랑할 수 있도록 가르쳐야 한다. 알아야 사랑할 수 있기 때문이다.

여성 상위 시대

암컷이 먼저 구애하는 몰몬귀뚜라미

공원에 떼 지어 몰려다니는 비둘기들은 번식기가 되면 수컷이 깃털을 곤두세운 채 구구거리며 하루 종일 암컷 꽁무니를 따라다닌다. 암컷이 수컷을 따라다니는 모습은 눈을 씻고 봐도 없다. 새들이나 풀벌레들 중 소리를 내는 것이 다 수컷인 것도 암컷들의 환심을 사기 위함이다. 거의 모든 동물들에서 수컷이 암컷보다 훨씬 더 화려한 색깔을 띠며 춤도 더 현란하게 추는 까닭도 다 성에 관한 한 암컷에게 선택권이 있기 때문이다.

희귀하긴 해도 수컷이 선택권을 갖는 경우도 있다. 여름날 풀숲에서 죽어라 노래만 하는 베짱이 수컷들은 독특한 방식으로 짝짓기를 한다. 운좋게 자기 노래를 좋아하는 암컷을 만나 교미를 하게 되면 인간을 비롯한 많은 포유류처럼 암컷의 질 속에 사정하는 것이 아니라 정자를 담은 주머니를 암컷의 꽁무니에 매다는 식으로 정사를 갖는다.

그런데 정포Spermatophore라 부르는 이 정자 주머니에는 정자가 들어 있는 부분 외에도 순전히 영양분만 듬뿍 들어 있는 부분이 달려 있다. 교미를 마치고 나면 암컷은 바로 꽁무니를 입 가까이 굽혀 영양분을 함유한 부분을 먹기 시작한다. 암컷이 그렇게 식사를 하는 동안 정포의 다른 구석에 있던 정자들은 암컷의 몸속 깊숙이 침투하여 알이 있는 곳까지 도달하게 된다. 연구에 따르면 수컷이 영양분 부분을 크게 만들수록 암컷이 더 오랫동안 먹게 되며 또 그만큼 수컷의 정자들은 알에 도달할 시간을 더 얻는다.

그래도 대부분의 베짱이 종에서는 이 같은 수컷의 투자에도 불구하고 여전히 선택권은 암컷에게 있다. 실제로는 베짱이의 일종이지만 흔히 몰몬귀뚜라미라고 부르는 곤충의 경우에는 뜻밖에도 암컷들이 수컷에게 구애를 하고 수컷이 암컷을 고른다는 사실이 관찰되었다. 더구나 수컷이 정포 하나를 만들려면 평균적으로 자기 몸무게의 4분의 1을 잃는다는 놀라운 사실도 관찰되었다. 우스갯소리를 하자면 하룻밤에 네 번 이상의 정사를 가진다는 것은 이들에게 곧 자살을 의미한다. 따라서 이 종의 경우 수컷의 투자가 워낙 큰 관계로 결국 선택권을 쥐게 된 것이다. 거의 병적으로 깡마른 여자를 선호하는 요즘 남자들과는 달리 몰몬귀뚜라미 수컷들은 뚱뚱한 암컷을 더 좋아한다. 뚱뚱한 암컷일수록 알을 더 많이 품고 있기 때문에 같은 투자를 한다 해도 더 많은 자식을 얻을 수 있기 때문이다. 이렇듯 동물행동학자들은 경제학적 투자의 개념을 도입하여 동물들의 성행위를 설명한다. 특별히 인물이 잘난 경우가 아니더라도 사회적 지위가 높거나 돈이 많은 남자들이 여자를 선택할 수 있는 것도 같은 맥락으로 이해할 수 있을 것이다.

1990년대에 로버트 레드포드와 데미 무어가 주연으로 등장한 영화가 있다. 〈은밀한 유혹〉이라는 제목으로 우리나라에 소개된 이 영화에서 레드포드가 무어에게 백만 불을 줄 테니 자기와 하룻밤만 자 달라고 제안하는 장면이 나온다. 마치 몰몬귀뚜라미 수컷처럼 내 투자가 엄청나니 내가 선택할 수 있어야 하지 않느냐고 말하는 것이다.

실제로 인간 사회의 결혼에 있어서는 남자 집안에서 주도권을 행사하는 경우가 많다. 특히 남자 집안이 재력이나 권력을 가진 경우에는 더욱 그렇다. 예부터 많은 문화권에서 여자들은 더 좋은 집안으로 시집가길 원했다. 대체로 자기보다 나이가 많은 남자와 결혼하는 것도 따지고 보면 동갑내기나 나이가 어린 남자보다 그들의 재력이나 사회적인 지위가 상대적으로 높기 때문이다. 그럴 경우 남자 측의 더 큰 투자를 전제로 한다.

앞으로 산업 구조가 점점 더 정보화되고 근력을 이용해야 하는 일들이 줄어들면 여성들의 경제력이 몰라보게 향상할 것이다. 『사랑의 해부학』이라는 책으로 우리 독자들에게도 친숙한 미국 럿거스 대학의 인류학자 헬렌 피셔는 최근 『제1의 성』이라는 제목의 새 책을 내놓았다. 시몬 드 보부아르의 '제2의 성'이 이제는 당당히 '제1의 성'으로 거듭난다는 메시지를 전달하는 이 책에서 피셔는 21세기에는 여성의 사회 진출이 급속하게 늘 것이며 경제권도 상당 부분 여성들이 거머쥘 것이라고 예측한다.

이미 인터넷을 통해 정자를 구입할 수 있는 시대가 도래했다. 혼자서 아이를 키우기에 경제적으로 불편이 없는 여자들의 경우 인터넷을 통해 여러 면으로 '완벽한' 남자의 정자를 구해 자신의 난자와 인공 수정할 수 있게 되면 구태여 결혼이라는 과정을 밟으려 하지 않을 것이다. 그렇게 되면 처음부터 생물학적으로 선택권이 없는 남성들은 그들이 설 땅을 차츰 잃어갈 것이다.

이미 우리 사회에서도 그런 조짐이 보이지 않는가. 언젠가 소설가 최인호 님이 신문에 쓴 글에 보니 중년이 넘으면 많은 남성들이 이른바 '나도족族'이 된다고 한다. 이삿짐 트럭의 앞 좌석에 강아지를 껴안고 제일 먼저 올라탄단다. 새 집으로 제발 나도 좀 데려가 달라고 말이다.

메뚜기가 조금만 슬기롭다면

아프리카 메뚜기떼는 수십억 마리

"남쪽 하늘에 작은 먹구름이 이는가 싶더니 삽시간에 부채꼴로 퍼지며 온 하늘을 뒤덮었다. 세상이 온통 밤처럼 캄캄해지고 메뚜기들이 서로 부딪치는 소리가 천지를 진동했다. 그들이 내려앉는 곳은 모두 졸지에 누런 황무지로 돌변한다. 아낙네들은 모두 손을 높이 쳐들고 하늘의 도움을 청하는 기도를 올렸고 남정네들은 밭에 불을 지르고 장대를 휘두르며 메뚜기떼와 싸웠다."

펄 벅의 『대지』를 책으로 읽었거나 영화로 본 사람이면 누구나 가장 생생하게 기억하는 장면이다. 『대지』의 배경이었던 이웃나라 중국이 20년 만에 최악의 가뭄을 겪은 적이 있다. 엎친 데 덮친 격으로 메뚜기떼마저 극성이었다. 멀리 남미의 페루에도 엘니뇨로 인한 기상 이변으로 약 1억 5천만 마리의 메뚜기들이 엄청난 면적의 농경지를 쑥밭으로 만들었다 한다. 그곳도 역시 거의 20년 만에 겪는 최악의 상황이라고 한다. 하늘이 노했거나 자연이 대반격을 시작한 모양이다.

하늘이 노한 것은 어제오늘의 일이 아니다. 구약의 출애굽기에 보면 모세가 애굽의 왕에게 여러 번에 걸쳐 자신의 백성을 풀어 달라고 간청해도 들어주지 않자 하느님이 온갖 천재天災를 일으키는 이야기가 적혀 있다. 성경을 과연 역사책으로 봐야 할 것인지는 논란의 여지가 있지만, 애굽의 하천이 오염되기도 하고 우박이 내려 농작물에 엄청난 피해를 입히는가 하면, 개구리, 파리, 이 등이 갑자기 많아지는 생태 재앙이 일어나는 걸 보면 예삿일이 아니다.

특히 10장 15절에 보면 "메뚜기가 온 지면에 덮여 날으매 땅이 어둡게 되었고 메뚜기가 우박에 상하지 아니한 밭의 채소와 나무 열매를 다 먹었으므로 애굽 전경에 나무나 밭의 채소나 푸른 것은 남지 아니하였더라"고 당시 상황을 설명한다. 물론 메뚜기떼의 공격이 해마다 벌어지는 것은 아니다. 지금도 그렇지만 성경에도 "이런 메뚜기는 전에도 없었고 후에도 없으리라"고 적고 있다.

이른바 이동성 메뚜기들은 세계 곳곳에 수십 종이 분포하지만 그중 가장 악랄한 종류는 바로 아프리카 메뚜기들이다. 이들은 주로 대륙의 중부와 동북부 지역에 살다가 기후

조건이 적절해지면 그 수가 급증하여 중동 지방은 물론 멀리 인도까지 이동한다. 계절풍을 타고 하루에 평균 30~40킬로미터에서 심지어는 100킬로미터를 이동하는데 10억에서 많게는 100억 마리가 함께 떼를 지어 움직인다. 이들이 잠시 묵어가기로 한 곳에 풀잎 하나 제대로 남기 어려운 것은 바로 이 엄청난 숫자 때문이다.

개체군의 크기가 증가하는 원인으로는 두 가지 경우를 꼽을 수 있다. 하나는 사망률이 줄어드는 것이고 다른 하나는 출생률이 증가하는 것이다. 인류 집단의 경우 급속도로 거대하게 성장한 데는 농업 혁명을 계기로 급증한 출생률이 결정적인 원인이 되었다. 이동성 메뚜기들도 기후 조건이 맞으면 평소의 다섯 배나 되는 알을 낳아 개체수가 폭발적으로 증가한다.

먹을 것이 풍부해져 전보다 아이들을 많이 낳게 된 것도 이유지만 어쩌면 그보다 더 큰 이유는 이유식 덕분이었다고 한다. 지금도 수렵 채집 생활을 하는 민족들을 보면 자식의 수가 많고 대여섯 살이 되도록 엄마 젖을 빤다. 젖을 빨리는 동안에는 여성의 호르몬 시스템이 임신을 용이하지 않게 하기 때문에 자연히 자식을 낳는 터울이 길어진다. 하지만 농경 생활을 하기 시작하면서부터 곡류를 갈아 이유식으로 쓸 수 있게 되자 엄마들은 젖을 일찍 떼게 되었고 또 곧바로 임신을 하게 되었다. 그래서 결과적으로 훨씬 더 많은 자식을 갖게 된 것이다.

산업 혁명과 더불어 공중위생이 개선되고 의학이 발달하면서 사망률 역시 지속적으로 줄어들었다. 특히 가장 치명적이던 생후 초기의 사망률이 몰라보게 줄어들었다. 이런 이유로 인류는 불과 1만 년 만에 평범한 한 종의 영장류에서 60억 인구를 자랑하는 만물의 영장이 되었다.

개체수를 조절하는 데는 사망률을 증가시키는 것보다는 출생률을 감소시키는 것이 훨씬 인도주의적이다. 우리나라는 세계에서도 산아 제한을 가장 성공적으로 달성한 나라 가운데 하나다. 1960년대만 해도 어느 집이나 대여섯씩 낳던 자식을 반세기도 채 안 되는 짧은 기간에 평균 둘 이하로 줄이는 데 성공했다. 너무나 성공적이어서 이젠 우리도 노령화와 노동력 부족을 걱정하기에 이르렀다.

유럽에는 오랫동안 아프리카 메뚜기들의 행동과 생태를 연구해 온 학자들이 여럿 있다. 그들의 연구에 많은 진전이 있었던 것도 사실이지만 아직도 우린 메뚜기들을 달래지 못하고 있다. 가끔씩 잊을 만하면 불뚝불뚝 치솟는 그들의 성질을 제대로 다스리지 못하고 있다. 메뚜기들이 우리 민족의 슬기와 용기를 배우면 좋으련만.

갈매기의 이혼

새끼를 잘못 키운 쌍은 갈라선다

"만일 두 사람 사이에 아무런 문제가 없다면 둘 중 하나는 없어도 된다." 오스카 와일드의 기지가 번득이는 궤변이다. 우리네 인생살이에서 인간관계만큼 복잡하고 어려운 것도 없을 것이다. 남녀 간의 관계는 더욱 그렇다. 유전학적으로 보면 23쌍의 염색체 중 딱 하나인 성염색체만 조금 다를 뿐인데 남자와 여자는 어찌 이다지도 다른 것일까?

『이기적 유전자』의 저자 리처드 도킨스는 남녀 간의 갈등, 즉 성의 갈등에 대해 다음과 같이 말한다. "유전자의 반을 공유하고 있는 부모와 자식 간에도 그렇게 많은 갈등이 있는데 하물며 남녀 간에야 오죽하랴? 유전자의 관점에서 보면 그들은 그저 남남일 뿐이다."

어느 설문 조사에 따르면 우리나라 젊은 남성들은 결혼 상대자로 맞벌이를 할 수 있는 여성을 원한다. 그러나 과연 그들이 정작 맞벌이 생활이 가져올 온갖 문제들에 대해 마음의 준비가 되어 있는지 의심스럽다. 아이는 누가 볼 것이며 퇴근하여 밥은 누가 지을 것이며 또 설거지는 누가 할 것인가? 우리보다 훨씬 먼저 맞벌이 시대로 뛰어든 서양인들에게도 이런 사소한 문제들이 결코 사소하지만은 않은 게 현실이다.

갈매기는 동물 세계에서 가장 완벽한 일부일처제를 유지하고 있는 동물로 꼽힌다. 한번 혼약을 맺으면 평생을 같이하는 정절도 그렇지만 집안일에서도 남녀의 차별이 없다는 점에서 완벽하다는 뜻이다. 실제로 갈매기 부부의 일과를 관찰해 보면 남편과 아내가 바깥일이건 집안일이건 거의 정확하게 반반씩 나누어 한다. 우리네 맞벌이 부부와 차이가 있다면 갈매기 부부는 오히려 서로 더 오래 집에 있고 싶어 하는 것 같다.

그런데 최근 들어 갈매기들의 이혼율이 의외로 높다는 연구 결과들이 나오고 있다. 종에 따라 지역에 따라 다르긴 하지만 미국 캘리포니아에서 행해진 한 연구에 의하면 네 쌍 중 한 쌍이 1년을 넘기기가 무섭게 갈라선다. 미국인들의 경우 두 쌍 중 한 쌍이 이혼한다는 통계가 있다. 그들이 모두 1년 안에 이혼하는 게 아니고 보면 갈매기의 이혼율은 엄청난 수준에 이르는 셈이다.

그렇다면 갈매기들은 과연 무엇 때문에 이혼을 하는 것일까? 남편의 술버릇, 시집과의 관계, 부인의 낭비벽 등은 그들의 세계에서는 이혼 사유가 되지 않는다. 그러나 갈매기 부부에게도 온갖 감정적이고도 실질적인 문제들이 있다. 이 모든 문제들은 궁극적으로 자식 양육에 결부되어 있다. 어떤 이유든 새끼를 제대로 키워 내지 못한 부부는 갈라서고 만다는 것이다.

지난해에 그런대로 무난히 새끼들을 키워 낸 갈매기 부부는 이듬해에도 서로를 찾아 또 함께 살림을 차린다. 갈매기들은 겨울 동안 남쪽 따뜻한 곳으로 이동했다가 번식기가 되어 돌아오면 우선 이산가족 상봉을 위해 목놓아 부르짖는다. 남쪽에서는 부부가 함께 지내질 않는다. 대체로 수컷들은 수컷들끼리 암컷들은 암컷들끼리 지낸다. 그들과 그들의 조상들이 늘 전통적으로 번식을 해 오던 곳에 도착해야 비로소 암수가 서로를 찾는다.

갈매기들은 해마다 결코 만만치 않은 거리를 이동한다. 그들의 여정이 늘 순탄할 리 없고 보면 지난해 금실이 좋았던 부부라고 해도 서로를 찾을 수 있다는 보장이 없다. 번식지에 일찌감치 도착하고서도 늦도록 짝을 이루지 못하고 목놓아 임을 부르는 갈매기들의 절규는 우리 인간의 심금을 울리기에도 충분하다.

지난해 자식들을 기르는 데 여러 가지로 어려움이 많았던 부부는 종종 서로를 찾지 않는다는 것이 갈매기 연구자들의 관찰 결과다. 또다시 마음이 맞지 않는 짝을 찾아 고생을 되풀이할 까닭이 없다는 것이리라. 이혼을 결심한 부부들의 지난해 결혼 생활을 자세히 분석해 보니 바로 '누가 더 집에 오래 있을 것인가' 하는 문제를 해결하지 못한 부부의 이혼율이 높은 것으로 나타났다.

갈매기 부부가 둥지에서 서로 자리를 바꿀 때 유난히 요란한 소리를 내며 고개를 심하게 위아래로 흔들어 대는 것에는 다 그럴 만한 이유가 있을지도 모른다. 마치 영국 버킹엄 궁전의 보초들이나 우리 덕수궁 수문장들의 교대 의식처럼 갈매기 부부의 교대 의식도 굉장하다. 바다에 나가거든 이러이러한 곳들을 뒤져 보라는 둥, 새끼들을 돌볼 때는 이러저러한 점들을 특별히 유의하라는 둥, 그런 얘기도 많겠지만 명확하게 서로의 임무를 교대할 시간임을 알리는 기능이 더 크다고 한다.

최근 들어 우리나라 부부들의 이혼율이 무섭게 증가하고 있다. 그런데 특이한 점은 이혼율이 높은 연령층이 결혼 생활에 미숙한 젊은 층이 아니라 자식을 다 길러 낸 황혼기라는 것이다. 당장이라도 갈라서고 싶지만 자식들이 눈에 밟혀 참고 살다가 자식들이 다 떠나고 나면 기다렸다는 듯이 이혼을 서두르는 것 같다. 그렇다면 우리의 이혼 사유도 갈매기의 경우와 그리 다르지 않은 듯싶다. 다만 갈매기들처럼 1년 안에 자식들을 키워 독립시키지 못할 뿐이다.

우리도 겨울잠을 잘 수 있다면

겨울잠은 살기 위한 버티기

이번 겨울은 유달리 추울 것 같다. 구조 조정이니 파업이니 하는 사회 분위기도 그렇고 기름값이 치솟아 연탄을 때는 집들이 부쩍 늘었다고 하니 말이다. 비닐하우스의 기름보일러를 연탄보일러로 바꾸고 하루에 무려 천 장이 넘는 연탄을 간다고 한다. 춥고 긴 겨울이 우릴 기다리고 있다.

동물들의 겨울나기에는 여러 가지 다양한 전략들이 있다. 기온이 뚝 떨어져 먹을거리를 찾기 어려워지기 전에 따뜻한 곳으로 옮겨 가는 동물들이 있다. 철새들이 그 대표적인 동물들이다. 가을은 말만 살찌는 계절이 아니다. 철새들도 몸속에 충분한 에너지를 축적해야 먼 여정을 떠날 수 있다.

나는 이맘때면 가끔 엉뚱한 꿈을 꾼다. 우리도 철새들처럼 철 따라 이동해서 살면 좋을 것 같다는 생각을 해 본다.

북반구와 남반구의 나라들이 협약을 맺어 서로 철 따라 세들어 사는 것이다. 국가 차원에서 할 일이 아니라면 가족끼리 해 보면 어떨까 싶다. 여름에는 어느 호주 가족이 우리집에 와 살고 겨울에는 우리가 그 집에 가서 함께 사는 것이다.

세계 어느 곳에 있어도 인터넷으로 거의 모든 것을 해결할 수 있는 시대에 못할 일도 아니다 싶다. 하지만 그건 역사를 되돌리는 일이리라. 그 옛날 우리가 농사를 지을 줄 알기 전에는 그렇게 철 따라 돌아다닐 수밖에 없었다. 그러한 생활이 싫어 한 곳에 안주하게 된 것이 아니었던가.

철새들 중에도 꼭 이동하지 않아도 된다고 판단되면 한 곳에 눌러앉는 것들이 있다. 우리나라에도 예전엔 분명히 철새였던 새들이 텃새가 된 경우가 관찰된다. 지구 온난화 덕분에 겨울이 예전처럼 춥지 않고 인가 주변에는 늘 먹을 것이 있기 때문에 먼 여행을 포기하고 그냥 우리나라에서 겨울을 나는 새들이 늘고 있는 것이다.

역마살이 덜한 동물들 중에는 긴 겨울을 아예 잠으로 때우는 것들이 있다. 흔히 동면이라 부르는 이 현상은 사실 꼭 겨울에만 일어나는 것은 아니다. 사계절이 뚜렷하지 않은 열대의 동물들은 우기를 기다리며 건기 내내 '건면'을 한다. 아프리카의 개구리 중에는 우기가 끝나기 전에 아직은 물렁물렁한 땅을 파고 들어가 그곳에서 다음 비가 올 때까지 기다리는 것들도 있다. 비가 오기까지 어떨 때는 몇 년씩 기다리기도 하면서 말이다.

그렇다면 어떻게 아무것도 먹지 않고 그렇게 오랫동안 기다릴 수 있을까? 그것은 신진대사율을 최저로 하고 그냥 버티는 것이다. 겨울잠을 자는 곰도 사실 오랜 겨울 내내 온전히 꿈나라에 갔다 오는 것이 아니다. 신진대사를 아주 낮추고 가을 동안 몸속에 비축해 놓은 에너지를 최소한으로 사용하며 봄까지 버티는 것이다. 때로 버티기 힘들거나 어쩌다 날씨가 풀리면 잠에서 깨어나 먹을 것을 찾아 나서기도 한다.

많은 동물이 하루 중 주기적으로 신진대사율을 높였다 낮췄다 한다. 도마뱀과 같이 외부 온도에 맞춰 체온을 변화시키는 이른바 변온 동물들은 밤에는 엄청나게 낮은 신진대사율을 유지하다 해가 떠서 기온이 올라야 서서히 활동을 시작한다. 한낮에는 매미 잡기가 어려워도 이른 새벽에는 아직 체온이 오르지 않아 꼼짝도 하지 못하는 매미들을 쉽게 잡을 수가 있다. 나 역시 방학 숙제로 곤충 채집을 할 때 이런 식으로 새벽에 많은 곤충을 잡았다. 아니 잡았다기보다는 그냥 주워 담았다고 하는 것이 옳을 것이다.

많은 곤충이 생활사의 일부로 아예 '휴면Diapause'을 한다. 날씨가 으슬으슬해지면 군고구마, 군밤, 그리고 오징어와 함께 서울 밤길의 냄새를 책임지는 번데기도 바로 휴면 중인 누에나방이다. 뽕잎을 갉아 먹던 애벌레 시절에서 성충인 나방으로 변신하기 위해 와신상담 기다리는 기간이다. 그 휴면 기간이 반드시 겨울일 필요는 없다. 애벌레에서 바로 성충이 되는 곤충이라면 모를까 번데기 시기를 거쳐야 하는 곤충들은 다 일정 기간 휴면을 한다.

온대 지방의 곤충들은 번데기 상태에서 겨울을 나는 경우가 많다. 알의 상태로 겨울을 나는 곤충들도 많다. 겨울이 되면 길거리의 가로수들이 지푸라기 옷을 입는다. 새끼들이 조금이라도 따뜻하게 겨울을 날 수 있도록 배려하는 어미 곤충들의 모성애를 이용하는 어찌 보면 참 야비한 전략이다.

인간은 임의로 신진대사율을 역치閾値 수준 이하로 낮추는 능력을 갖고 있지 않다. 그렇다고 신진대사가 언제나 일정하다는 얘기는 아니다. 우리도 잠을 자거나 편하게 쉴 때는 신진대사율이 떨어진다. 다만 동면을 할 수 있을 정도로 떨어지지 않을 뿐이다.

요사이 기름값이 하도 올라 이번 겨울에는 아예 비닐하우스를 닫거나 배를 띄우지 않기로 작정한 농어촌 사람들의 겨우살이가 동면과 무에 그리 다를까 싶다. 우리도 스스로 신진대사를 낮출 줄 아는 동물이라면 이 슬프도록 긴 겨울을 그냥 잠이나 자며 보내련만.

동물 속에 인간이 보인다

인간과 가장 비슷한 개미들의 세계

어느 이름 모를 행성의 생물학자들이 지구의 생물들을 연구하러 온다고 가정해 보자. 그들이 불과 몇백 년 전에 왔었을 때 우주선에서 내려다본 지구는 바다를 제외한 대부분의 육지가 푸른 숲으로 뒤덮여 있는 녹색 행성이었을 것이다. 하지만 요즈음 지구를 찾아온다면 하늘을 찌를 듯 솟아 있는 빌딩들과 그런 빌딩의 숲들 사이에 이어져 있는 도로들, 그리고 그 도로 위를 질주하는 자동차라는 괴물들이 먼저 그들의 눈에 띌 것이다. 알아볼 수 없을 정도로 달라진 지구의 모습을 발견하곤 그들은 상당히 놀랄 것이다. 그리고 그 모든 변화가 인간이라는 한 종의 영장류에 의해 만들어졌다는 사실을 알게 되면 그들은 다시 한 번 크게 놀랄 것이다.

인간은 참으로 대단한 동물이다. 유전자 분석에 의하면 인간과 침팬지가 공동 조상에서 분화한 것은 지금으로부터 불과 6백만 년 전의 일이다. 지구의 나이 46억 년을 하루, 즉 24시간으로 환산하면 1분도 채 되지 않는 짧은 시간이다.

현생 인류가 탄생한 것은 그보다 훨씬 최근인 15만 내지 23만 년 전의 일이고 보면, 인간은 그야말로 순간에 '창조' 된 동물이다. 그 눈 깜짝할 사이에 우리는 아프리카의 열대림을 떠나 초원과 교목림으로 나와 두 발로 걸어 다니게 되었고, 급기야는 지극히 정교한 언어를 구사하며 농업 혁명과 산업 혁명을 일으켜 오늘날 이처럼 엄청난 기계 문명 사회를 이룩하였다.

인간이 참으로 대단한 동물임을 부인할 수는 없으나 왠지 그리 오래 번성하진 못할 동물인 것 같다. 스스로 저지른 온갖 잘못 때문에 갈 길을 재촉하기 때문이다. 인간이 사라진 후 이 지구에 우리만큼 혹은 우리의 지능을 능가할 동물들이 나타나 지구의 역사를 정리한다면 그들은 과연 우리 인간이라는 존재를 인식할 것인가? 불과 몇 분도 채 못 살고 떠나 버린 우리를 기억이나 할 것인가? 나는 그들이 우리를 기억하고도 남으리라 생각한다. 시간적으로는 흔적조차 남길 틈이 없었을 것 같지만, 지구 구석구석 저질러 놓은 잘못이 너무도 심각하여 짧고 굵게 살며 어지간히 말썽을 많이 부리고 가 버린 동물로나 기록될 것 같다.

나는 이제껏 학생들과 함께 다양한 동물들의 행동을 연

구해 왔다. 도토리 열매에 알을 낳은 후 애써 그 도토리들이 매달려 있는 가지를 끊어 내는 도토리거위벌레, 손가락으로 슬며시 문지르기만 해도 터져 죽건만 투구를 갖춰 입은 병정을 만들어 외침에 대비하는 특별한 진딧물들, 백두대간 깊은 산속 썩어 가는 나무둥치 속에서 엄마 아빠의 보호 아래 단란한 가족생활을 꾸리는 갑옷바퀴들, 수컷들이 한껏 세우고 뽐내는 등지느러미에 매료되어 어쩔 줄 모르는 암컷 밀어密魚들의 밀어密語는 물론, 까치와 조랑말의 사회 구조 등 실로 여러 동물들의 삶을 들여다보고 있다.

그러나 뭐니 뭐니 해도 나의 마음속 대부분을 차지하고 있는 동물은 다름 아닌 개미다. 인간과 가장 가까운 동물이 무엇이냐고 물으면 당연히 침팬지라고 답해야 하지만, 인간과 가장 비슷한 동물이 무엇이냐고 물으면 나는 서슴지 않고 개미라고 대답한다. 침팬지가 우리보다 털이 좀 많은 편이고 두 발보다 네 발로 걷기를 더 편하게 여기는 동물이기는 하나 우리와 99퍼센트의 유전자를 공유하는 까닭에 참으로 흡사한 것이 사실이다. 그러나 침팬지들은 왕을 모시며 나라를 세우거나 대도시를 건설하지도 않고, 농사를 짓거나 가축을 기르지도 않으며, 노예를 부리거나 군대를 이끌고 대규모의 전쟁을 감행하지도 않는다. 하지만 이 모든 다분히 인간적인 일들이 개미 사회에서는 항상 벌어지고 있다.

기계 문명 사회의 주인이 우리인 것은 말할 나위가 없지만 문명 사회를 한 발짝만 나서서 자연계로 들어서면 그곳의 주인은 곤충들, 그중에서도 가장 성공한 곤충인 개미들의 세상이다. 개미는 한 마리씩 놓고 보면 평균 5밀리그램밖에 안 되는 미물이지만 수적으로 워낙 우세한 동물이라 현재 지구상에 살고 있는 모든 개미들의 전체 중량은 전 인류의 체중과 맞먹는다. 겉모습으로는 무척추동물인 개미와 척추동물인 우리 인간은 닮은 곳이라곤 찾을 수 없는 너무도 다른 동물들이지만, 두 세계의 지배사로 성장하는 신화의 역사 속에서 겪어야 했던 많은 문제를 신기하게도 매우 비슷한 방법으로 해결했다. 따라서 자연의 두 지배자들의 삶의 역사를 비교해 보는 작업은 무척이나 흥미롭고 학문적으로도 가치 있는 일이다.

　창세기 1장에 따르면 하느님께서 이 세상을 창조하실 때 우리 인간만은 특별히 당신의 형상대로 만드셨다. 다른 동물들이 모두 자연의 선택을 받는 동안 우리 인간만은 홀로 신의 선택을 받았다는 말이다. 그러나 인간도 남자와 여자가 따로 있고 그들이 만나 수태하면 아이를 자궁 속에서 일정 기간 키우다 낳아서는 젖을 먹이는 일종의 젖먹이동물일 뿐이다. 인간이 참으로 특별난 종임을 부인할 수는 없으나, 인간도 엄연히 이 자연계의 한 구성원이며 진화의 역사에서 예외일 수 없는 한 종의 동물에 불과하다는 사실 역시 틀림이 없다. 이 광활한 우주 전체를 창조하신 하느님께서 어찌하여 우주 공간에 떠 있는 먼지와도 같은 작은 행성인 지구만 특별히 생각하셨고, 또 그 지구에 살도록 한 그 많은 동물들 가운데 유독 우리만 당신의 모습을 닮도록 허락하셨단 말인가? 아무리 생각해도 지나친 짝사랑인 것만 같다.

나는 동물행동학을 연구하는 자연과학자다. 그러나 한편으로는 그들의 모습에서 인간을 보려는 인문학자이고 싶다. 인간 본성의 기원은 어쩔 수 없이 동물 속에 있다. 왜냐하면 그 옛날 생명이 최초로 탄생한 바닷속을 떠돌며 우연히 자기 자신을 복제할 줄 알게 된 그 DNA의 후손들이 지금도 내 몸속, 침팬지의 몸속, 그리고 개미의 몸속에 함께 흐르고 있기 때문이다.

까치의 기구한 운명

잦은 정전 사고로 흉조가 된 까치

나는 대학원생들과 함께 작년부터 관악산 일내의 까치들을 중심으로 대대적인 행동 생태 연구를 시작했다. 앞으로 몇 백 년이고 계속할 생각으로 시작했으나, 그렇다고 내가 몇 백 년을 살 수 있는 것은 아닐 테니 한동안 하다 후배 교수에게 물려줄 작정이다. 장기적인 생태 연구의 특성상 나는 그리 큰 덕을 보지 못하겠지만 우리나라의 대표적인 장기 생태 연구로 만들어 갈 원대한 꿈을 갖고 있다.

한 동물 집단을 장기적으로 연구하여 얻는 이득은 엄청나다. 영국 옥스퍼드 대학의 조류학 연구소는 벌써 수십 년 간 박새를 연구하고 있다. 케임브리지 대학은 스코틀랜드 앞바다에 있는 럼이라는 작은 섬에 사는 붉은큰뿔사슴들을 역시 몇십 년간 연구하고 있다. 생태학이나 행동학에 새로운 이론이 나오면 우리들은 어떤 동물을 어떻게 연구하여 자료를 모을까 궁리하는데 그들은 컴퓨터 안에 넣어둔 자료를 꺼내 단번에 논문을 발표한다. 정말 맥이 쭉 빠지는 일을 겪은 것이 한두 번이 아니다.

까치를 연구하는 데 있어 우리나라보다 더 천혜의 조건을 갖춘 곳은 세계 어느 곳에도 없다. 까치는 북반구 전역에 걸쳐 분포하지만 우리나라만큼 상당한 숫자가 사람 사는 주변에서 함께 사는 곳은 거의 없다. 아마도 길조라 하여 늘 보호해 준 우리 선현들 덕분이리라.

그런데 예로부터 우리나라의 대표적인 길조로 사랑받던 까치가 요즘 들어 흉조의 오명을 뒤집어쓰게 되어 마음이 아프다. 과일이나 곡식 등 농작물에 피해를 주며 전봇대에 둥지를 틀어 정전 사고를 일으킨다는 이유로 일부 지방 자치단체들은 더 이상 까치를 그들의 상징 새로 삼으려 하지 않는다. 달면 삼키고 쓰면 뱉는 인간의 간사함에 그저 씁쓸할 뿐이다. 충청도는 아예 까치 사냥을 허용하여 많은 충청도 까치는 이번 겨울을 무사히 넘기기 어려울 것 같다.

"솔개가 까치집 빼앗듯 한다"더니 누가 누구를 탓하는 것인지 참으로 어이가 없다. 까치들이 최근 들어 자주 전봇대에 집을 짓는 것은 그들이 둥지를 틀기에 알맞은 나무들을 우리가 모두 베어 버렸기 때문이다. 까치의 둥지는 아래에서 올려다볼 때와는 달리 실제로 올라가 보면 상당히 크다.

그래서 까치들은 그 큰 둥지를 안전하게 받쳐 줄 수 있도록 튼튼한 가지들이 한꺼번에 여러 방향으로 뻗어 있는 나무를 선택한다. 그리곤 되도록 주변에 가지들이 무성하여 아늑하게 감싸 줄 곳에 둥지를 튼다. 까치들이 전봇대가 좋아서 그곳에 집을 짓는 것은 결코 아니다.

또한 까치는 한 번 썼던 둥지는 다시 사용하지 않는다. 아마도 둥지에 서식하는 기생충들을 피하기 위한 적응일 듯싶은데 그러다 보니 도심에서 해마다 새로운 둥지를 만들 나뭇가지를 찾기가 여간 어렵지 않을 것이다. 까치라고 자기 집이 감전되는 걸 뻔히 알면서도 철사를 집어다 집을 짓겠는가.

최근 까치의 수가 급증하여 피해가 늘어난 것으로 보는 견해가 많으나 실제로 예전에 비해 까치가 더 많아졌는지는 확실하지 않다. 자연 서식지가 파괴되어 어쩔 수 없이 더욱 인간 가까이에 살기 때문에 과거보다 많아졌다고 느낄 가능성도 배제할 수 없다. 얼마 전에는 우리나라의 까치들이 대부분 중금속에 오염되어 있다는 연구 결과도 있었듯 인간에 의한 까치의 피해 역시 적지 않다.

머리가 나쁜 사람을 가리켜 종종 '새대가리'라 부르지만 까치는 매우 영리한 동물이다. 누구든 조금만 귀를 기울여 보면 쉽게 알 수 있듯이 까치의 음성 신호는 엄청나게 다양하다. 그래서 나는 인간이 어떻게 언어를 사용하게 되었는지를 밝히기 위하여 까치의 언어를 연구하고 있다.

또 자연 상태에서 까치들이 둥지를 만드는 행동을 관찰하며 매년 한국전력에 엄청난 재정 부담을 안겨 주는 정전 사고를 좀 더 환경친화적으로 해결하는 방법을 연구하고 있다. 연구비만 충분하다면 머지않아 한전에 반가운 소식을 전할 수 있으련만. 새해에는 까치들에게도 반가운 손님이 찾아오길 빈다.

쥐와 인간, 그 사랑과 미움의 관계

페스트의 주범, 미키 마우스, 하버드 쥐

보스턴 시내에서 공항으로 가려면 세계 최초로 바다 밑바닥을 뚫어 만든 터널을 지나가야 한다. 내가 그곳에 유학하던 1980년대 중반, 교통 체증을 완화할 목적으로 터널을 하나 더 뚫자는 제안이 나오기가 무섭게 엄청난 공포의 시나리오가 등장했다. 공항 쪽으로 터널을 뚫으려면 보스턴 시내 쪽의 하수도를 열어야 하는데, 그렇게 되면 약 2천만 마리의 쥐들이 한꺼번에 몰려나와 온 시내를 뒤덮을 것이라는 예측이었다. 언젠가는 우리도 청계천을 열어야 할 때가 올 텐데 그 속에선 과연 얼마나 많은 쥐가 쏟아져 나올까.

쥐는 싫으나 좋으나 우리 인간과 가장 오래 함께 살아왔고 앞으로도 오래도록 함께 살아갈 동물이다. 미국의 어느 설문 조사에서는 73퍼센트의 사람들이 자신이 앉아 있는 변기 속에서 어느 날 쥐가 기어 나와 덮칠 것 같은 공포에 시달린다고 답했다. 한밤중 어두운 골목길에서 도둑쥐가 내는 부스럭 소리에 놀라지 않을 이가 과연 몇이나 있을까.

그런가 하면 미국 사람들은 또 전 세계 어린이들과 함께 자란 귀여운 미키 마우스를 만들어 내기도 했다. 쥐는 어둠의 상징인가 하면 또 비록 만화의 세계지만 악을 물리치는 영웅 마이티 마우스로 그려지기도 한다. 인류 역사상 가장 많은 사망자를 낸 페스트의 범인이 쥐인가 하면 인류의 평균 수명을 십 년 이상이나 연장시켜 준 많은 생물학 및 의학 실험의 절대적인 공헌자 역시 쥐들이다. 온갖 방법을 동원하여 박멸하고자 했던 동물도 쥐지만 하버드 쥐˚는 인간이 창조해 낸 최초의 동물이기도 하다.

그 옛날 중생대 시절 이 지구를 지배하던 공룡들은 약 6천 5백만 년 전에 거의 한꺼번에 사라졌다. 그렇게도 거대했고 막강한 세력을 떨쳤던 동물들이 어떻게 그야말로 하루아침에 자취를 감추고 말았는지에 대해서는 많은 학설이 제기되어 왔다. 그중에서 현재 가장 유력하게 받아들여지고 있는 학설에 따르면 거대한 운석이 멕시코만 어딘가에 떨어졌고, 그 영향으로 엄청난 먼지구름이 형성되어 햇빛을 차단

• 분자생물학 실험에 맞도록 형질을 변환시켜 사육한 쥐로, 실험할 때마다 용도에 맞도록 형질을 변형시키는 수고를 덜어 준 공로로 특허가 인정되었다.

하는 바람에 식물들이 죽었으며, 그 식물을 먹고 사는 초식 공룡들이 절멸하여 결국 포식 공룡들도 함께 사라졌다.

나는 개인적으로 이 학설을 그리 탐탁하게 여기지 않는다. 왜냐하면 이것만으로는 당시 함께 살던 악어나 뱀 같은 파충류는 왜 같이 사라지지 않았는지 설명해 주지 못하기 때문이다. 상당히 그럴듯한 대안 학설에 따르면 쥐를 비롯한 작은 젖먹이동물들이 공룡의 알을 먹어 치우며 훨씬 더 왕성한 번식력으로 공룡들을 차츰 이 지구상에서 몰아냈다.

부부도 오래 같이 살면 닮는다던가. 쥐는 그야말로 인간 뺨치는 야누스의 면모도 지니고 있다. 그런데 왜 노벨상 수상 작가 귄터 그라스는 그의 소설 『암쥐』에서 핵 전쟁과 자원의 낭비로 자멸하는 인간을 향해 마지막 한마디를 던져 줄 동물로 하필이면 쥐를 택했을까. 아마도 어두운 밤 올빼미의 발톱에 낚아채이는 것이 쥐인가 하면 핵 실험으로 초토가 된 땅에도 살아남는 유일한 생명체 역시 그들이기 때문이리라. 제 2차 세계대전 직후 미국은 남태평양 어느 작은 섬에서 엄청난 규모의 핵실험을 감행했다. 나무 한 그루 남지 않은 그 섬의 유일한 생존자가 있었으니 바로 쥐들이었다. 저주 받은 지옥의 주인이자 석가모니의 총애를 받아 십이지十二支의 첫 자리를 차지한 바로 그 동물 말이다.

동물도 수학을 할까
꿀단지개미는 적의 병력을 파악한다

우리나라는 굼벵이 천국이다. 그렇다고 느린 사람들이 많다는 말은 결코 아니다. '빨리 빨리'가 대한민국을 대표하는 첫마디인 마당에 굼벵이 나라라니 말도 안 되는 얘기다. 우리나라는 다름 아닌 매미 왕국이라는 말이다. 국토의 어디를 둘러봐도 망가지지 않은 환경이라곤 찾아보기 어려운 이 땅에 어디서 그렇게 많은 매미들이 기어 나오는지 그저 신기할 따름이다.

얼마나 많으면 매미 소리가 시끄러워 잠을 이룰 수 없다며 경찰서에 신고를 하는 복에 겨운 사람들까지 있을 지경이다. 정말 천적이 사라져 예전보다 훨씬 더 많은 매미들이 제 세상 만난 듯 활개를 치는 것일까? 아무리 그렇다 하더라도 오염된 흙 속에서 겪는 굼벵이들의 고통이 이만저만이 아닐 터인데.

물론 수를 인지하고 하는 행동은 아니겠지만 매미들 중에는 13년 또는 17년마다 화려한 외출을 하는 것들이 있다. 그들은 알이나 애벌레, 즉 굼벵이로 12년 또는 16년을 땅속에서 보내고 13년 또는 17년째 되는 해에야 비로소 매미로 변신을 꾀한다. 13과 17이라는 수에 대하여 곰곰이 생각해 보라. 신기하게도 그들은 오직 1과 자기 자신에 의해서만 나누어지는 소수素數들이다. 그 매미들만 전문적으로 잡아먹는 포식자에게는 결코 달갑지 않은 수학 문제다.

인간을 제외한 다른 동물들도 과연 수의 개념을 갖고 있을까? 수를 어떻게 정의하느냐에 따라 다르겠지만 동물행동학자들의 연구에 따르면 침팬지를 비롯하여 까마귀, 앵무새, 쥐 등에게는 막연하나마 원시적인 수의 개념이 존재한다. 수의 개념 중 가장 기본적인 것은 많고 적음을 비교할 수 있는 능력이다. 꽤 많은 동물이 그 정도의 판단력은 갖추고 있는 것 같다. 일본과 미국의 영장류 학자들의 연구에 따르면 침팬지들은 간단한 덧셈과 뺄셈을 할 수 있다.

미국 남서부 사막 지대에 사는 꿀단지개미들은 종종 이웃나라와 전쟁을 한다. 그렇다고 다짜고짜 물고 뜯는 싸움을 벌이지는 않는다. 아군과 적군이 하나씩 짝을 지어 마주보며 일종의 과시적인 행동을 연출하는 퍽 점잖은 전쟁을 한다. 다리를 꼿꼿이 세워 되도록 몸을 크게 보이려 하고 틈만 나면 앞발로 상대를 은근히 짓누른다.

이들의 전투는 결국 수의 대결로 끝이 난다. 모두 일 대 일로 짝을 짓고 난 후 그래도 병사들이 남아도는 나라가 결국 적진 깊숙이 밀고 들어갈 수 있다. 전략을 잘못 세워 적군에 비해 너무 적은 수의 병사들을 전장에 내보내면 적군이 후방까지 쳐들어오는 불상사를 겪게 된다. 그래서 늘 적의 병력을 파악하고 그에 대항할 수 있는 충분한 병력을 투입해야 한다.

개미들의 전쟁에는 소대장이 있어 돌격을 외치는 것도 아니고 작전 참모가 있어 수시로 전략을 세울 수도 없다. 하지만 꿀단지개미 군대에는 연락병개미가 있다는 사실이 밝혀졌다. 대련을 하고 있는 병사들 숲을 이리저리 헤집으며 혹시 아군이 열세에 놓인 것은 아닌가 점검하고 다닌다. 만일 열세라 판단되면 재빨리 후방으로 돌아가 병력을 강화하라는 지령을 전한다. 그들이 아군의 수와 적군의 수를 세어 뺄셈을 하는 것은 아니겠지만 어떤 방식으로든 비교는 할 줄 안다는 얘기다. 아마도 짝이 없이 혼자 있는 병사들이 주로 적군이면 아군이 열세일 수밖에 없다고 판단하는 것 같다.

나는 몇 년째 대학원생들과 함께 서울대학교 교정에 서식하는 까치들의 행동과 생태를 연구하고 있다. 장기적인 생태 연구의 중요성을 뼈저리게 깨닫고 몇백 년이고 계속할 계획으로 시작한 연구다.

이 연구에서 내가 가장 관심을 갖고 있는 주제는 까치의 언어다. 새들의 음성 신호를 연구하는 생물학자들은 그동안 주로 참새목目에 속하는 새들의 '노래'를 분석해 왔다. 그러나 그런 새들의 노래는 봄이 되어 해가 길어지고 기온이 오르면 거의 자동적으로 부르는, 즉 저절로 흘러나오는 녹음기의 소리와 같은 것이다. 또 모든 노래새 수컷들이 부르는 노래들은 한결같이 사랑의 세레나데다. 종달새도 휘파람새도 분명히 다른 노래를 부르지만 내용은 어김없이 '나와 결혼해 주오'일 뿐이다. 그에 비하면 비록 아름답게 들리지 않을지는 모르지만 앵무새, 까마귀, 그리고 까치의 음성 신호에는 여러 다른 의미들이 담겨 있다.

까치의 소리를 녹음하여 분석하는 과정에서 내가 특별히 관심을 갖는 것은 그들이 자주 음절의 수를 변화시킨다는 점이다. 서로 화답하는 까치 두 마리의 지저귐에 귀를 기울여 보라. 한 마리가 '깍깍' 하면 또 한 마리가 '깍깍깍' 하고 또 '깍깍깍깍' 하며 답하면 이번엔 '깍깍'으로 응수한다. 나는 시간이 날 때마다 이 숫자들을 열심히 받아 적고 있으나 아직은 도대체 무슨 뜻인지 알 재간이 없다. 그러나 언젠가는 이 난수표처럼 나열되어 있는 수들의 의미를 찾아낼

날이 올 것이다.

MIT 대학의 인지과학자 스티븐 핑커는 "수학은 인간의 타고난 권리"라고 말한다. 인간의 뇌는 태어날 때부터 이미 간단한 계산을 할 수 있도록 신경회로망을 갖추고 있다. 커 가며 얼마나 적절한 수학적 자극을 받느냐에 따라서 좀 더 복잡한 회로망이 만들어진다. 한창 복잡한 회로망이 만들어 지는 시기에 우리 아이들은 모두 계산만 한다. 그러니 기껏 해야 그저 쓸 만한 계산기가 될 뿐 문제를 논리적으로 풀어 내는, 생각하는 컴퓨터는 되지 못한다. 왜 그렇게 풀어야 하 는지는 모른 채 그저 어떻게 푸는 것인지 얄팍한 기술만 배 운다.

누군가 내게 우리 인류를 만물의 영장으로 만들어 준 가 장 막강한 힘이 무엇이냐고 묻는다면 나는 서슴지 않고 언 어와 수학 능력이라고 답할 것이다. 수학은 여러 자연과학 분야들은 물론 인문사회과학 분야들까지 통틀어 모든 학문 의 주춧돌이다. 수학은 그야말로 외계인도 알아듣는 우주 공용어다. 이 첨단 과학 시대에 무슨 이유인지 갑자기 수학 을 홀대하는 우리 사회의 어리석음에 그저 말문이 막힌다.

기생충이 세상을 지배한다

생물들의 행동을 조정하는 기생충

내가 중학교에 다닐 때만 해도 학교에서 정기적으로 대변검사를 했다. 마당에 신문지를 펴고 용변을 본 후 대변을 콩알만한 덩어리로 만들어 작은 성냥갑 속에 넣어 학교에 가져가는 것이 중요한 숙제 중의 하나였다. 그 숙제를 제대로 하지 않으면 영어나 수학 숙제를 하지 않은 것과 다름없는 벌이 우리를 기다리곤 했다.

중학교 2학년 때였던 것 같다. 그 중요한 숙제를 깜박 잊고 덜렁덜렁 등교한 나는 급한 김에 짝꿍의 것을 반 나누어 제출하는 잔꾀를 부려 가까스로 위기를 넘겼다. 그러나 며칠 후 도저히 설명할 수 없는 검사 결과가 나왔다. 내 짝꿍은 그 흔한 회충 몇 마리를 가진 게 고작이었는데 나는 무슨 긴 이름의 희귀한 기생충을 보유하고 있다는 진단이었다. 내 몸에서 나온 게 아니라고 자백하기엔 너무 늦었기에 나는 하는 수 없이 선생님과 친구들이 보는 앞에서 그 흉측하게 생긴 붉은 알약 여러 개를 삼켜야 했다. 하루 종일 오줌도 하늘도 모두 노란색이었다.

이제는 우리나라도 공중위생이 워낙 잘되어 있어 회충약을 먹는 일이 마치 석기 시대 얘기처럼 들릴 지경이다. 그래서 많은 의과대학의 기생충학과가 조금 과장하면 존폐 위기에 몰린다고 한다. 기생충도 별로 없고, 있어 봐야 그리 대수롭지 않은 질병을 일으킬 뿐인데 꼭 학과로 남아 있어야 하느냐고 다그친단다. 하지만 아직도 많은 후진국에서는 기생충이 심각한 사회 문제가 되고 있다.

기생충이라는 용어 대신 '기생 생물'이라는 용어를 쓰면 우리 인간의 질병 대부분이 다 그들과의 전쟁이다. 모기가 옮기는 말라리아 병원균도 큰 동물들의 몸 안에 기생하는 원생동물이다. 바이러스를 과연 생물체로 봐야 할지는 논란의 여지가 있지만 요즘 전 세계적으로 엄청나게 심각한 문제가 되고 있는 에이즈도 외부로부터 우리 몸속에 잠입한 기생 생물의 소행이다. 그밖에도 박테리아와 세균 등 기생 생물들의 공격은 실로 다양하다.

기생충의 힘은 거기에 그치지 않는다. 왜 대부분의 생물들이 암수로 나뉘어 골치 아픈 성 문제를 겪어야 하는지에 대한 열쇠도 어쩌면 기생 생물이 쥐고 있을 것이라는 게 현재 가장 유력한 학설이다. 무성 생식을 하는 생물들은 개체 수를 늘리는 일에는 결정적으로 유리하지만 모두 똑같은 유전자를 지니고 있기 때문에 특별히 치명적인 병원균이 돌면 한꺼번에 절멸하고 만다. 그에 비하면 암수로 나뉘어 마음에 맞는 배우자를 찾아야 하고 싫건 좋건 서로 협조해야 자식을 낳을 수 있는 것이 유성 생물의 삶이다. 그렇기 때문에 서로 다른 유전자들을 섞어 병원균의 공격을 막아 낼 수 있다. 이처럼 우리의 성과 생존이 기생충에게 달려 있다면 가히 그들이 세상을 지배한다고 해도 무리가 아니리라.

달팽이는 건조한 곳에 오래 있지 못한다. 몸속의 수분이 지나치게 많이 증발하기 때문이다. 그런데 바다달팽이 중 어떤 종은 일단 기생충에 감염되면 매일같이 자꾸 바위 위로 기어오른다. 쉽사리 갈매기들의 먹잇감이 될 것은 너무나 자명한 일이다. 이 무슨 어처구니없는 자살 행위란 말인가. 궁극적으로 갈매기의 몸속에 들어가야 번식을 마칠 수 있는 기생충이 달팽이를 이용한 것이다.

비슷한 식으로 기생충에게 당하는 개미들도 있다. 평소에는 풀숲 사이로 기어 다니던 개미가 기생충의 공격을 받으면 자꾸만 풀잎 끝으로 기어오른다. 그리곤 풀을 뜯는 양이나 소의 장으로 빨려 들어간다. 역시 초식 동물의 장속에 들어가는 것이 목표인 기생충의 농간에 놀아난 것이다. 멀

쩡하게 물속에서 잘 살던 물고기도 기생충에 감염되면 자꾸 수면 가까이 올라가 그만 왜가리 배 속으로 끌려 들어가기도 한다.

내가 가장 존경하는 생물학자인 코스타리카의 에버하드 박사는 《네이처》 최근 호에 맵시벌 애벌레에게 농락당하는 거미의 운명을 소개했다. 평소에는 우리가 흔히 보는 모양의 둥근 거미줄을 치던 거미의 몸에 맵시벌이 알을 낳아 애벌레가 자라기 시작하면 기괴한 일이 벌어진다. 거미는 홀연 섬세한 거미 그물 만들기를 중단하고 강한 바람에도 끄떡없는 X자 모양의 구조를 만든다. 결국 맵시벌 애벌레는 거미를 죽이고 그 든든한 버팀 구조 한복판에 매달려 번데기를 튼다. 실험적으로 거미의 몸에서 맵시벌 애벌레를 제거하면 한 이틀 밤은 계속 애벌레가 원하는 X자형 구조를 만들지만 이내 정상적인 둥근 그물 구조를 만들기 시작한다. 마치 오랜 약물 중독에서 벗어나 옛 솜씨를 되찾은 장인처럼.

요즘 한창 인간 유전자의 전모를 밝히는 작업이 막바지에 접어들고 있다. 우리의 몸과 마음을 이루게 한 생명의 신비가 한 올 한 올 풀리고 있는 것이다. 우리 유전자들의 정체가 속속 밝혀지면 그중 상당수가 그 옛날 우리 조상들의 몸속에 들어왔다 그냥 눌러앉은 바이러스들의 유전자일 것이라는 추측이 나오고 있다. 우리가 모르는 가운데 얼마나 많은 기생 생물이 우리 몸속에 들어와 우리로 하여금 하고 싶지 않은 크고 작은 일들을 하도록 조정하고 있을까 생각하면 적이 섬뜩하다.

동물들은 모두가 서정시인

사랑의 시인 귀뚜라미

3월 21일은 '세계 시의 날'이다. 지난 세기가 저물던 1999년 유네스코 총회에서 제정했다. 유네스코 본부가 있는 파리를 비롯하여 지구촌 곳곳에서 시 낭송회가 열린다. 평소에는 바쁘다는 핑계로 시 한 편 읽을 여유조차 갖기 어려운 생활이지만 시의 날이라 하니 나도 모르게 시집에 손이 간다. 요즘 참 아름답고 좋은 시들이 많은데 그에 비하면 읽는 이들이 너무 적은 것 같다.

동물들도 과연 시를 쓸까? 시란 "자기의 정신 생활이나 자연, 사회의 여러 현상에서 느낀 감동이나 생각을 운율을 지닌 간결한 언어로 나타낸 문학 형태"라는 어느 국어사전의 정의에 따른다면 나는 이 세상 거의 모든 동물들이 다 시인일 수밖에 없다고 생각한다.

봄이 되어 해가 길어지기 시작하면 저마다 목청을 가다

듬어 사랑의 세레나데를 부르는 수새들은 다 영락없는 서정 시인들이다. 그들은 한결같이 운율이나 자수가 일정한 정형 시를 쓴다. 시인마다 느낌의 차이는 있지만 같은 종에 속하는 수컷들은 모두 똑같은 틀에 맞춰 시를 쓴다. 유전자의 지시에 따라 시의 길이도 정해져 있으니 그들이 쓰는 시는 어쩌면 시조라 해야 옳을지도 모른다.

풀벌레들의 노랫소리는 시라기보다 음악, 그중에서도 기악곡이라 하는 편이 더 옳겠지만, 어차피 음악과 시는 떼려야 뗄 수 없는 사이가 아닌가. 풀벌레들 중 우리에게 가장 잘 알려진 시인은 단연 귀뚜라미일 것이다. 그들은 입으로 시를 읊는 것이 아니라 윗날개를 서로 비벼 사랑의 시를 읊는다. 한쪽 날개의 표면에 마치 빨래판 또는 손톱을 다듬을 때 쓰는 줄과 같이 오톨도톨한 부분을 다른 날개의 가장자리로 문지르며 음악을 연주한다. 그리도 단순한 악기를 가지고 어떻게 그처럼 화려한 연주를 할 수 있는지 그저 감탄할 따름이다.

귀뚜라미라면 그저 '귀뚤귀뚤' 우는 놈들만 생각하겠지만 사실 그들의 음악은 엄청나게 다양하다. 우리나라에도 여러 종의 귀뚜라미들이 사는데 그들이 구사하는 시어만 들어도 누가 누군지 알 수가 있다. 시인마다 제가끔 자기만의 시운詩韻이 있다. 특별히 화려한 귀뚜라미 연주를 듣고 싶은 이들이 있다면 늦은 여름밤 서울대 교정으로 초대하겠다.

"호르르르륵 호 호 호" 하는 왕귀뚜라미의 연주가 꾀꼬리 뺨친다. 밤늦게 그들의 음악을 배경으로 연구실에 앉아 있노라면 "방에는 글 읽는 소리, 부엌에는 귀뚜라미 소리"라는 우리 옛 속담의 평화로움이 내 온몸을 적신다.

귀뚜라미와 그리 멀지 않은 친척인 여치와 베짱이들은 날개의 가장자리를 뒷다리로 긁으며 역시 화려한 서정시를 쓴다. 뒷다리 안쪽에 작은 돌기들이 줄지어 나 있는데 그걸 긁어 소리를 만든다. 돌기의 크기와 수는 물론 그들이 어떻게 배열되어 있느냐에 따라 음정과 박자가 달라진다. 내가 중학교에 다닐 때만 해도 대나무로 엮어 만든 작은 우리 속에 여치를 넣어 파는 장사들이 광화문 네거리에도 있었는데, 이젠 그들의 시 낭송회에 참가하려면 차를 타고 한참 외곽으로 가야 한다.

같은 곤충계 시인인 매미는 좀 요란한 시를 쓰는 편이다. 귀뚜라미와 베짱이가 현악기를 사용한다면 매미는 타악기를 두드리기 때문이다. 그 작은 공명기로 어떻게 그처럼 큰 소리를 낼 수 있는지 생각할수록 신기할 뿐이다. 음향공학을 연구하는 한 동료 교수는 틈만 나면 내게 매미를 연구하여 신개념의 스피커를 만들어 특허를 내면 떼돈을 벌 것

풀벌레들의 노랫소리는 시라기보다 음악,
그중에서도 기악곡이라 하는 편이 더 맞겠지만,
어차피 음악과 시는
떼려야 뗄 수 없는 사이가 아닌가.

이라고 부추긴다.

그런가 하면 개구리, 맹꽁이, 두꺼비 들은 관악기를 분다. 소리주머니 가득 공기를 들이마셨다가 서서히 내뿜으며 사랑가를 부른다. 관악기 중에서도 특히 스코틀랜드의 백파이프와 가장 흡사하다. 매미도 그렇지만 개구리 등도 독주보다는 합주를 더 즐긴다. 좀 더 크게 널리 알리기 위해서다.

냄새도 시어가 될 수 있는지는 모르나 자연계 거의 대부분의 시인들은 사실 다 냄새로 시를 풍긴다. 언뜻 생각하기에 소리에 비해 냄새는 단순할 거라는 느낌을 주지만, 그 냄새를 일으키는 물질의 화학 구조를 들여다보면 〈오감도〉를 뺨칠 난해한 시들이 적지 않다.

인간의 경우는 좀 다르지만 동물계의 시인들은 거의 예외 없이 다 수컷들이다. 동물들의 시 낭송회에는 시인은 모두 남정네들이고 듣는 이는 모두 여인들이다. 하지만 나방들은 예외다. 암나방들은 동물계에서 아주 드물게 보이는 여류 서정 시인들이다. 절대다수의 나방들에서는 특이하게도 암컷들이 냄새를 뿌리고 수컷들이 그들을 찾아다닌다. 그 여류 시인들의 가냘픈 시를 아주 먼 곳에서도 들을 수 있도록 수나방들은 모두 기가 막히게 잘 발달된 안테나들을 달고 다닌다.

"문명이 발달할수록 시는 거의 필연적으로 쇠퇴한다"고

개탄했던 19세기 영국의 사학자 머컬리 경의 말처럼 인간과 침팬지 등 대부분 영장류들의 대화에선 시어 찾기가 쉽지 않다. 간결한 언어로 그 깊은 속뜻을 전하던 낭만은 다 어디 가고, 뭐 그리 할 말이 많은지 어지러운 산문만 쏟아 내는 것 같아 못내 아쉽다.

열린 성性의 시대

환경 호르몬에 따른 성전환의 위기

암수 구별이 뚜렷한 동물들 중 이른바 환경 호르몬의 영향으로 수컷들이 암컷처럼 변하고 있다는 보도가 세계 곳곳에서 발표되더니 드디어 우리나라에서도 그 현상이 벌어지고 있음이 밝혀졌다. 한일 공동 연구팀의 보고에 따르면 낙동강 하류 지역에는 발암성 환경 호르몬인 비스페놀 A가 다량 존재하며, 그로 인해 수컷 잉어들이 암컷화되고 있다.

언제부터인가 우리 주변에는 성전환 수술을 통해 자신의 성을 하루아침에 바꾸는 사람들이 나타났다. 그들은 대개 오랫동안 자신에게 주어진 성과 힘겨운 씨름을 해 왔다. 그러다 어느 날 육체의 성이 씌운 굴레를 벗고 정신의 성을 찾는 것이다. 그런 결정이 결코 쉬운 것은 아니겠지만 어디까지나 본인의 의지에 따른 일이다. 그에 비하면 환경 호르몬에 의해 자기도 모르는 가운데 자신의 성이 바뀔 수 있다고 생각하면 정말 소름이 끼친다.

환경 호르몬이 가져오는 재앙 가운데 가장 분명하게 떠오른 것은 무엇보다 남성들의 정자 수 감소다. 원래 남성의 정자 수는 나이가 들면서 서서히 감소하는 것이 보통인데, 오히려 나이 드신 분보다 젊은이의 정자 수가 적다는 것이다. 확증을 얻는 데 좀 시간이 걸렸지만 다이옥신이나 DESDiethylstilbestrol 같은 이른바 환경 호르몬이 주원인으로 밝혀졌다. 미국 생식의학회의 보고에 의하면 임신을 하지 못하는 부부 중 거의 절반이 남편 정자 수의 부족이나 운동성 저하 때문이다. 이젠 며느리가 소박맞을 게 아니라 사위를 소박맞힐 일이다.

대학 시절에 들은 우스갯소리다. 아버지와 아들이 나란히 남의 집 담벼락에 소변을 보고 있었다. 손으로 잡고 용변을 보는 아들에게 아버지가 "요즘 젊은이들은 정력이 떨어져 큰일이야. 내가 젊었을 땐 손 놓고 용변을 봐도 바지를 적시지 않았는데 말이야" 했다고 한다. 그러자 아들이 대답하길, "아버지, 이렇게 잡고 있질 않으면 얼굴로 다 튀어서 그래요."

그 머쓱했던 아버지가 진짜로 걱정해야 할 일이 생긴 것이다. 요즘 아들들은 나이 든 아버지에 비해 절반에도 훨씬 못 미치는 정자들을 가지고 있기 때문이다. 1992년 프랑스 연구진이 발표한 논문에 의하면 1975년에 30세가 된 1945년생 남성들의 정자 수가 정액 1밀리리터당 평균 1억 2백만 마리였던 데 비해 1992년에 30세가 된 1962년생 남성들의 정자 수는 불과 5천 1백만 마리였다. 이 두 집단 간의 연령 차이가 겨우 17세고 보면 문제의 심각성을 짐작하고도 남으리라.

뭍에 사는 동물 중 가장 빠르다고 알려진 치타도 절멸 위기에 놓였다. 개체수가 엄청나게 줄어든 것도 문제지만 어떤 의미에서는 정자 수의 감소가 더 직접적인 원인이라고 한다. 치타의 경우 그 원인이 호르몬 유사 물질인지는 알려지지 않았지만 이대로 가다간 아무리 자주 암수가 함께 삼밭에 들어도 수태가 되지 않으리라는 추측이다.

자연계에는 자기가 가지고 태어난 성을 삶의 과정 중에서 자연스럽게 바꾸는 경우가 종종 있다. 식물은 대부분 암수 모두를 한 몸에 지니고 있다. 그들이 한 점 부끄럼 없이 세상에 활짝 펼쳐 보이는 생식기, 즉 꽃에는 암술과 수술이 함께 달려 있다. 암수의 역할을 동시에 할 수 있다는 얘기다. 그러나 대부분의 꽃들은 수컷으로 태어났다가 차츰 암컷으로 변한다. 처음 꽃을 피우면 우선 벌들의 몸에 꽃가루를 묻혀 다른 꽃들에게 전달하는 수컷의 삶을 살다가 꽃가루를 다 실어 보내고 나면 자연히 수술들은 시들고, 그때부터는 남의 꽃가루를 받기만 하는 암컷이 된다. 자연스레 성전환 수술을 받는 셈이다.

이런 점으로 보면 식물은 동물에 비해 성적으로 더 대담한 면이 있다. 자기가 사랑하는 꽃을 찾아가 대신 잠자리를 같이해 줄 곤충을 유혹하기 위해 그들은 온 천하에 자신의 성기를 드러내 놓고 산다. 꽃이란 다름 아닌 식물의 성기다. 그걸 우리는 사랑하는 연인의 코 밑에 바친다. 원색적인 화가 조지아 오키프가 그리는 꽃을 보며 그 강렬한 성적 메시지를 이해하지 못하는 이는 없으리라.

열대 바다의 산호초 지역에 사는 물고기 중에는 이와 정반대의 길을 걷는 것들이 있다. 그들은 늘 무리를 지어 생활하는데, 한 무리에는 언제나 단 한 마리의 수컷만이 존재하고 나머지 개체들은 모두 암컷이다. 수컷은 무리 중 대체로 가장 나이도 많고 몸집도 제일 큰 놈이다. 참으로 신기한 것은 그 수컷이 늙어 죽으면 암컷들 중 가장 지위가 높고 힘이 센 놈이 불과 하루 남짓이면 완벽하게 수컷으로 변한다는 점이다.

요즘 우리 주변에 거울을 보고 화장하는 남자들이 늘고 있다. 미국의 경우에는 피부 미용실을 찾거나 남성미의 상징이던 털 제거 수술을 원하는 남자들이 급증하고 있다고 한다. 엉덩이의 살을 빼고 싶어 하는 것은 이제 여자들만이 아니다. 우리나라에서도 많은 남성이 쌍꺼풀 수술을 하는데 좀 더 부드럽게 보이고 싶어서라고 한다. 특히 입사 시험을 앞두고 많은 남성이 쌍꺼풀 수술을 한단다. 십 대들이 즐겨 찾는 거리에는 여자들보다 더 날씬한 몸매를 자랑하며 예쁜 손가방을 들고 다니는 청년들을 쉽게 볼 수 있다.

이 같은 경향은 앞으로 점점 더 뚜렷하게 그리고 광범위하게 나타날 것이다. 여성의 경제력이 향상되고 사회적 지위가 오르면 더 이상 물질 제공자로서의 강한 남성을 원할 이유가 없다. 또 아이도 아홉 달씩이나 몸속에 갖고 있을 필요가 없게 되면 함께 아이를 돌봐 줄 자상한 남편을 찾을 것은 너무도 당연한 일이다. 남편은 더 이상 보호자가 아니다. 마음에 맞는 동반자가 되어야 한다.

21세기는 '여성의 세기'가 될 것이다. 인간도 엄연히 한 종의 동물인 이상 성적 차이 그 자체를 부인할 수는 없지만 적어도 성이 문제가 되지 않는 사회가 열리고 있다. 우리 주변에는 이미 그 같은 변화를 긍정적으로 받아들이는 남성들이 늘고 있다. 특히 젊은 세대에는 뚜렷한 변화가 일기 시작했다. 다만 그런 변화들이 환경 호르몬 등에 의해 비정상적으로 벌어지지 않기를 바랄 뿐이다.

생명, 그 아름다움에 대하여

동물도 거짓말을 한다

바나나를 숨기는 침팬지

동물들도 과연 생각할 줄 아는가? 개나 고양이를 길러 본 사람이라면 누구나 주저하지 않고 그렇다고 말할 것이다. 그들은 한결같이 인간만이 할 수 있을 법한 행동을 자기 개나 고양이가 했다는 이야기를 마치 자기 아이는 천재라고 생각하는 부모들처럼 자랑스레 떠들어 댄다. 물론 인간과 똑같은 방식으로 생각하고 느끼는 것은 아니지만 그들도 나름대로 과거에 대한 추억과 미래를 향한 기대를 갖고 있다.

집에서 기르는 개에게 산책을 가자고 해 보라. 꼬리를 흔들며 매일 가는 산책길을 저만큼 먼저 달려갔다 돌아왔다 또 달려가곤 하며 좋아한다. 늘 걷는 길을 기억하고 있음은 물론, 그 길을 따라 걸으며 벌어질 즐거운 일들을 생각하며 좋아서 이리 뛰고 저리 뛰고 하는 것 같다. 때론 어디로 가는지 미리 알고 지름길로 먼저 달려가 기다리기도 한다. 아무런 생각 없이 자극에 대한 반응으로 움직이는 로봇과 같은 존재는 절대 아닌 것이다.

행동생물학자들이 동물에게도 과연 사고할 능력이 있는가 하는 의문에 대한 실험으로 가장 큰 기대를 걸고 있는 것은 다름 아닌 거짓말을 하는 행위다. 평생을 침팬지와 함께한 제인 구달 박사는 다음과 같은 재미있는 실험을 했다. 늘 친구들과 어울려 다니는 침팬지 한 마리를 따로 불러 한 번에 다 먹어 치울 수 없을 양의 바나나를 안겨 주었다. 그러자 그 침팬지는 바나나를 자기만 아는 곳에 몰래 숨겨 놓고 조금씩 꺼내 먹기 시작했다. 그러나 곧 친구들이 나타나 바나나가 어디에 있느냐고 아우성을 치자 그는 손가락으로 정반대쪽을 가리켰다. 그리곤 그들이 모두 그쪽으로 사라지자 재빨리 숨겨 놓은 바나나를 또 꺼내 먹기 시작했다는 것이다.

물떼새 중에는 새끼를 구하기 위하여 위험한 거짓말을 하는 어미들이 있다. 둥지에서 새끼들을 품고 있다가 여우 같은 포식 동물이 접근하면 물론 처음에는 새끼들을 더욱더 부둥켜안고 몸을 숨기려고 노력하지만 일단 들켰다고 생각되면 둥지에서 저만치 날아가 갑자기 날개가 부러져 잘 날지 못하는 흉내를 낸다. 별 어려움 없이 먹이를 구했다고 생각한 여우가 위험하리만큼 가까이 다가와야 어미새는 비로소 갑자기 날아오르며 몸을 피한다. 이런 과정에서 조금만 계산을 잘못하면 어미새는 그만 목숨을 잃고 말 것이다.

네 살밖에 안 된 아이가 지나치게 거짓말을 잘한다고 찾아온 어머니에게 아이가 그만큼 머리가 좋다는 증거이니 기뻐하라고 말하는 아동심리학자들이 있다. 거짓말을 할 수 있다는 것은 일단 상황 판단을 끝내고 한 걸음 더 나아가 그 상황을 자기에게 유리하도록 변화시킬 수 있는 능력을 지녔음을 의미하기 때문이다. 다만 아이에게는 해도 괜찮은 거짓말과 절대 해서는 안 되는 거짓말을 구별할 수 있도록 가르쳐야 할 것이다. 많이 가졌으면서도 남과 나누지 않으려고, 더 가지려고 거짓말을 하는 추한 짓은 절대로 하지 말라고 또한 가르쳐야 한다.

몇 년 전의 일이다. 생물학이란 학문은 요즘 워낙 방대해져 한 학기는 말할 나위도 없고 한 해에 가르치기도 숨이 가쁠 지경이다. 그래서 교과서의 한두 장은 스스로 공부한 후 보고서를 작성해 내도록 하는 경우가 있다. 그 학기에도 진도를 다 못 나갈 것 같아 비교적 덜 중요하거나 혹은 혼자서도 정리할 수 있을 것 같은 부분에 대해 보고서를 내도록 지시했다.

며칠 후 밤늦게 책상머리에 기대 학생들이 제출한 보고서를 들쳐 보기 시작했다. 얼마쯤 지났을까. 눈에 거슬리는 실수 하나가 여러 보고서에서 반복되는 걸 발견했다. 누구나 할 수 있는 성질의 실수가 아니었기에 좀 이상한 생각이 들어 첫 보고서부터 다시 검토해 보았다. 아니나 다를까. 상당수의 학생들이 거의 완벽하게 똑같은 보고서를 제출한 것이다. 글씨체나 장정만 바꿔 제출한 '지능적인' 보고서들이었다. 때론 컴퓨터가 우리를 참으로 비겁하게 만든다.

나는 그 문제의 보고서들을 들고 한참 동안 고민했다. 가장 쉬운 방법은 가차 없이 처벌하는 것이었다. 하지만 그래 봐야 그들이 무슨 교훈을 얻을까 생각해 보았다. 지독한 교수에게 걸려 재수 없이 당했다고 투덜대기만 할 것이다. 그래서 나는 교실에 들어가 아무런 설명 없이 그들의 이름을 칠판 구석에 적고 한 사람씩 날 찾아오라고 했다. 그 후 며칠 동안 나는 그 학생들을 일일이 따로 만났다. 그리곤 그들 한 사람 한 사람에게 다음과 같은 거창한 훈계를 했다. 교수라 해도 학생들을 나무라기가 어려운 세상이지만 그들에게는 왠지 꼭 해야 할 것 같았다.

"자네는 세상이 다 부러워하는 서울대생이네. 물론 자네의 노력으로 들어온 곳이지만 한편으로는 자네의 복일세. 선택받은 사람이라는 말일세. 이 세상 대부분의 사람들보다 월등한 능력을 부여받았고 누구보다도 성공할 가능성이 많은 사람이 아닌가? 그런 자네가 거짓말도 불사하며 나만의 이득을 위해 산다면 저 바깥에 있는, 자네보다 훨씬 덜 가진, 그래서 아무리 노력해도 자네만큼 잘살 수 있는 희망이 없는 사람들은 이 세상을 어찌 살라는 말인가. 능력 있고 복 받은 자들이 더 가지려고 움켜쥐면 이 세상은 날로 어두워질 수밖에 없지 않은가. 그래서 가진 자의 거짓말은 그 죄과가 그만큼 더 무거울 수밖에. 나와 한 가지만 약속을 하면 이번 일은 없었던 걸로 하겠네. 지금 이 순간부터 죽는 날까지 오로지 정도正道만을 걷겠다고 나와 약속하게. 그래도 자넨 절대 굶어 죽지 않을 걸세."

그때 그 학생들이 지금도 내게 가끔 편지를 보낸다. 나 역시 그 학년을 영원히 잊지 못하고 있다.

우리는 모두 어려서부터 거짓말을 하지 말라고 배웠다. 그러나 거짓말을 한 번도 하지 않고 산다는 것은 불가능한 일이다. 사랑하는 이들을 위해 어쩔 수 없이 해야 하는 거짓말도 법의 질책을 받아야 하겠지만 우리는 그들에게 돌을 던지지 못한다. 우리들은 늘 사랑하는 이에게 또는 자기 스스로에게 선의의 거짓말을 하며 산다. "넌 할 수 있어"라며 스스로를 속일 수 있는 자기 기만 능력이야말로 때론 인간을 성공시키는 가장 큰 힘이다.

술의 유혹

알코올 중독에 빠진 코끼리

술로 인해 신세를 망치는 이들이 적지 않다. 취중에 한 말 때문에 결국 옷을 벗어야 했던 유력한 검사가 있는가 하면, 누가 언제부터 부르기 시작했는지 모르지만 너무도 인위적으로 거두절미하고 뚝 끊어 낸 이른바 '386세대'의 총아들이 하루아침에 탕아들로 전락하기도 했다. 가히 민족의 위기라 할 만한 교육 위기로부터 우리를 구원의 땅으로 인도해야 할 이들도 그만 바쿠스*의 제물이 되고 말았다. 부패한 사회를 바로잡기 위해 온몸으로 뛰던 시민 운동의 그 깨끗한 목소리마저도 성범죄자라는 낙인을 안고 말문을 잃었다.

코끼리를 연구하는 생물학자들의 최근 관찰에 따르면 심각한 알코올 중독 증세를 보이는 코끼리들이 늘고 있다.

---

* 로마 신화 속 술의 신. 그리스 신화의 디오니소스에 해당한다.

그들의 사회에 우리처럼 술집이 있어 그런 것은 아니고 발효된 열매를 주워 먹어 술에 취하는 것이다. 많은 코끼리가 일단 술맛을 보면 계속 발효된 열매만을 찾아다닌다.

나의 할아버지는 생전에 술을 퍽 즐기신 분이었다. 그렇다고 주체하지 못할 정도는 아니었지만 자주 술을 드셨다. 할머니가 독 하나 가득 담그신 술이 노릇노릇 익을 무렵이면 밭일을 제대로 못하셨다 한다. 한 잔 드시고 부엌 문지방을 넘다가도 다시 들어와 또 한 잔 하시고, 또 나가시다 외양간 앞에서 다시 돌아오시곤 했단다.

그런가 하면 나는 작은 외삼촌을 술에 빼앗겼다. 어언 삼십 년이 다 되어 가는 옛날 일이다. 그해 겨울, 처음으로 쌩하게 추워졌던 어느 날 술에 취해 길을 건너다 차에 치이셨다고 한다. 너무도 어린 두 딸을 놓고 외삼촌은 그렇게 홀쩍 떠나셨다. 남달리 생활력이 강하신 외숙모는 혼자서 딸 둘을 참으로 훌륭하게 잘 키워 얼마 전에는 한 녀석이 시집을 갔다. 외삼촌이 계셨더라면 얼마나 좋아하셨을까.

외삼촌이 과연 알코올 중독 증세를 보이신 것인지는 모르겠으나 술을 좋아하시고 자주 드신 것은 사실이었던 것 같다. 하지만 그날 밤 정말 술을 드셨는지, 그래서 달려오는 택시를 피할 수 없었는지는 확실하지 않다. 첫 얼음이 길을 덮은 날인 것은 분명했다. 어쨌든 영문도 모르고 헐레벌떡 상경하신 외할아버지를 도저히 마주 보실 수 없다는 어머니를 대신하여 어린 내가 외삼촌의 사망 소식을 전해야 했던 기억을 영원히 잊을 수가 없다. 할아버지는 아무런 힘도 없는 내 손을 꼭 잡고 오랫동안 흐느끼셨다.

생물학자들은 퍽 오래전부터 우리를 술독에 빠뜨리는 장본인인 이른바 '알코올 중독증 유발 유전자'를 찾기 위해 많은 노력을 기울여 왔다. 문제의 그 유전자를 찾기만 하면 술로 인해 벌어지는 이 모든 추태의 주범을 검거할 수 있다고 믿는 것 같다. 또 '유전자 치환'이라는 분자생물학적 방법을 사용해 그 유전자를 건전한 유전자로 바꾸기만 하면 하루아침에 중독증을 치유할 수 있으리라는 기대를 갖고 있다.

우리들 중에는 특별히 남보다 술에 빨리 취하고 일단 취하면 쉽게 깨어나지 못하는 이들이 있다. 또 무슨 까닭인지 술 마시고 괴로워하면서도 깨고 나면 또 술 마시는 이들도 있다. 하지만 '알코올 중독증 유발 유전자'를 찾는 작업은 그다지 현명한 일이 아니라고 생각한다. 알코올 중독증이 병적인 문제가 된 것은 그리 오랜 옛날이 아니기 때문이다. 그것은 우리 인류가 농경을 시작하고 곡물로써 다량의 술을 만들 줄 알게 된 후에야 심각해진 현상이다. 또 그것은 높은 도수의 알코올 속에서도 자랄 수 있는 효모의 발견 없이는 불가능한 일이었다.

현재 우리가 갖고 있는 모든 고고학적 증거를 종합해 봐도 우리 인류가 농사를 짓기 시작한 것은 기껏해야 약 1만 년 전의 일이다. 1만 년이라는 시간은 알코올 중독증과 같은 복합적인 형질이 진화하기엔 턱없이 짧은 시간이다. 알코올을 비롯하여 온갖 약물은 물론, 도박이나 여색 등에 쉽사리 빠져 탐닉하게 만드는 유전자가 한두 개로 이뤄져 있을 가능성은 극히 적다. 이런 유전자들은 어려움을 무릅쓰고서라도 원하는 것을 구하려는 긍정적인 효과를 유발하는 많은 유전자 속에 섞여 있을 것이다. 다만 그런 유전자들이 전에는 접하지 못했던 술독에 빠져 제 길을 못 찾고 있을 뿐이다.

야망이 크고 매사에 적극적인 사람일수록 술을 비롯한 온갖 유혹에 빠질 위험이 더 클 수 있다. 그들의 뇌는 자극에 대한 반응으로 강한 보상을 받으려는 경향이 남보다 크기 때문이다.

"맨날 술이야!" 술이 원수다. 술에 거꾸러진 이들을 모두 용서하자는 것은 아니지만 인간이라는 동물이 술에 강할 수 있도록 진화할 만한 시간적 여유가 없었던 것은 엄연한 사실이다.

블루길 사회의 열린 교육

작은 블루길 수컷의 생존 방식

미국에 살 때 별나게 낚시를 좋아하던 세 살배기 아들과 즐겨 찾던 연못이 있었다. 아내는 그 당시 교회를 다니며 오르간 반주와 성가대 지휘를 했다. 일요일이면 예배 시작 전에 성가대 연습이 있어 아내는 남들보다 한두 시간 일찍 교회에 가야 했다. 그런 아내를 교회 마당에 내려 주고 아들과 나는 늘 그 연못을 찾았다. 집들이 띄엄띄엄 있는 숲속 길을 따라 그저 십여 분만 달리면 닿는 곳이었다. 그리 깊은 숲속도 아니었건만 우리가 그곳에 있는 동안 한 번도 다른 사람을 본 적이 없을 정도로 한적한 곳이었다.

차 안에는 언제나 장난감 가게에서 산 작은 낚싯대가 완벽하게 준비되어 있었다. 연못가에 도착하기 무섭게 나는 미끼로 쓸 메뚜기나 지렁이를 잡아 낚싯바늘에 끼우기 바빴고, 아들 녀석은 그 짧막한 낚싯대로 연이어 어른 손바닥만

한 물고기를 잡아 올렸다. 물론 물고기가 워낙 많아서 그랬겠지만 운 좋은 날이면 거의 던지기가 무섭게 딸려 올라오곤 했다. 그런 날이면 나는 미끼를 잡으랴, 바늘에 끼우랴, 낚싯줄에 매달린 물고기를 자랑스레 들어올리는 아들 사진을 찍으랴, 또 잡힌 물고기를 바늘에서 빼내 다시 물에 넣어주랴 정말 눈코 뜰 새가 없었다.

그런데 그때 우리가 잡던 그 예쁜 물고기가 바로 언제부터인가 우리나라로 건너와 토종 물고기들의 씨를 말리며 우리 생태계를 유린하고 있다. 그 물고기가 바로 악명 높은 '블루길'이다. 블루길은 사실 동물행동학적으로 무척 흥미로운 물고기다. 번식기가 되면 수컷들은 호수나 강바닥에 제가끔 자기 영역을 확보하고 암컷을 맞이할 차비를 한다. 땅을 둥그렇게 파고 작은 돌멩이들로 그 바닥을 고르게 다듬는다. 그리곤 암컷들이 오길 기다린다.

드디어 암컷들이 나타나면 수컷들은 제가끔 환심을 끌기 위해 교태를 부리기 시작한다. 운좋게 암컷이 자기 영역에 들어오면 수컷은 곧바로 암컷의 몸에 자기 몸을 바짝 붙인 채 격렬한 춤을 추기 시작한다. 인간의 춤에 비유한다면 영락없는 탱고. 수컷의 구애춤이 마음에 들면 암컷은 그의 영역 안에 알을 낳고 그 위로 수컷이 정액을 뿌린다. 몸매도 몸매지만 춤을 잘 추는 수컷들이 인기 있음은 말할 나위도 없다.

그런데 이 같은 수컷들의 영역 근처 풀숲에 숨어 사랑의
향연을 지켜보고 있는 또 다른 수컷들이 있다. 그들은 영역
을 지키는 수컷들에 비해 몸집이 훨씬 작은 수컷들이다. 실
제로 그들은 암컷과 몸 크기가 비슷한 수컷들이라 감히 영
역 다툼에 낄 꿈도 꾸지 못한다. 다 같이 수컷으로 태어나
누구는 건장한 사내로 자라서 당당히 암컷들을 맞이하는데
왜 나는 이 꼴인가 하며 자살이라도 할 것인가, 아니면 운명
이라며 체념하고 말 것인가.

몸집이 작게 태어난 블루길 수컷들은 진화의 역사를 거
치며 나름대로 그들만의 차선책을 강구했다. 그들은 몸집만
암컷을 닮은 것이 아니라 냄새와 행동도 흡사하다. 구애춤을
추느라 여념이 없는 암수 사이에 슬며시 끼어들어 함께 호흡
을 맞추며 춤을 춘다. 이 작은 수컷들의 위장이 얼마나 감쪽
같은지 큰 수컷들은 이들을 암컷으로 알고 구애를 계속한다.
정열의 춤은 계속되고 그러다가 다른 암컷이 알을 낳으면 여
장남이 먼저 잽싸게 정액을 뿌리고 줄행랑을 친다.

블루길 사회에는 또 다른 부류의 남정네들이 있다. 암컷
보다도 훨씬 몸집이 작은 꼬마 수컷들이다. 이들은 수면 가
까이 떠 있으면서 아래에서 펼쳐지는 광란의 축제를 주의
깊게 지켜본다. 그러다 알을 낳기 시작하는 암컷을 발견하

면 전속력으로 잠수하여 잽싸게 정액을 뿌리곤 다시 물 위로 떠오른다. 일명 '성 폭탄Sex bomb'이라 불리는 이들의 몸은 거의 전체가 정자를 생산하는 정소로 가득 차 있다.

요즘 우리 사회는 사상 최악의 교육 위기를 맞고 있다. 과외를 막는 데 급급하여 허겁지겁 덤벙대는 교육부의 모습을 지켜보노라면 정말 실망스럽기 짝이 없다. 열이 왜 나는지도 모르면서 무조건 해열제부터 먹고 보자는 격이다. 대개의 경우 우리 몸에 열이 나는 이유는 외부에서 침입한 병원체에 대항하기 위해서다. 그럴 경우 무턱대고 해열제를 복용하여 열을 억지로 낮추면 병원체에게 아예 어서 옵쇼하며 문을 열어 주는 꼴이 된다.

교육열 자체가 잘못된 것은 아니다. 불도 없는 방에서 떡을 썰면서도 아들을 공부시킨 한석봉의 어머니를 그 누가 탓할 수 있으랴. 경쟁은 불가피한 것이다. 인간도 어차피 자연의 산물인 이상 어떤 형태로든 경쟁을 하며 살게 마련이다. 다만 다양한 방법으로 경쟁할 수 있도록 다양한 길을 만들어야 한다. 블루길도 몸 크기만으로 자신들을 한 줄로 세우지 않건만 하물며 인간인 우리가 왜 이런 답답한 짓을 하는지 모르겠다.

암컷의 바람기

원앙의 금실은 거짓말

퓰리처상 수상 기자이자 과학 수필가인 나탈리 앤저가 뉴욕타임스에 연재했던 글들을 묶어서 펴낸 『The Beauty of the Beastly』라는 책이 있다. 우리나라에서는 『동물들은 암컷의 바람기를 어떻게 잠재울까』라는 제목으로 번역되어 나왔다. 이 책에는 동물 사회의 남녀 관계, 부모자식 관계, 경쟁과 협동, 갈등과 책략, 유전과 적응 등 다양한 주제에 관하여 모두 서른세 편의 글이 실려 있다. 독자들의 흥미를 위해, 다시 말해서 책을 더 많이 팔기 위해 지나치게 과장되고 선정적인 부분이 군데군데 보이기는 하나, 그 많은 주제에 대한 저자의 폭넓은 지식은 가히 전문 과학자를 무색하게 할 지경이다.

이 책에는 생명의 신비를 담고 있는 유전 물질에 관한 분석은 물론, 동물 세계의 온갖 삶의 모습들에서 여성들이

월경을 하는 이유에 이르기까지 실로 다양한 문제들을 언급하고 있다. 하지만 역서의 제목으로 채택될 만큼 가장 흥미롭고 자극적인 주제는 역시 첫째 장에서 다룬 암컷의 바람기에 관한 것이다. 수컷의 바람기는 천하가 다 아는 사실이지만 암컷의 바람기는 흔히 들을 수 있는 얘기가 아니다.

다윈의 이른바 '성선택설'에 의하면 손쉽게 많은 정자를 만드는 수컷은 더 많은 암컷들과 정사를 가지면 가질수록 더 많은 자식을 얻는다. 반면, 암컷은 아무리 여러 수컷들과 정사를 갖는다 해도 쉽사리 자식의 수를 늘릴 수 있는 게 아니다. 따라서 암컷은 자연히 남녀 관계에 있어서 더 소극적이고 신중할 수밖에 없고 수컷은 어느 정도 바람기를 타고 난다는 것이다.

산아 제한이 공공연하게 행해지기 전에는 대부분의 문화권에서 여성들은 일생 동안 평균 여섯에서 여덟 명의 자식을 낳았다. 아무리 많이 낳는다 해도 24명을 넘는 예는 거의 없다. 하지만 기네스북에 따르면 18세기 러시아의 한 여인은 무려 69명의 자식을 낳았다. 쌍둥이 열여섯 번, 세쌍둥이 일곱 번, 네쌍둥이 네 번을 포함하여 모두 스물일곱 번의 임신을 통해 낳은 자식들이다. 한 번이라도 임신을 해 본 여성이라면 실로 입이 딱 벌어질 일이다.

하지만 그 벌어진 입을 다물지 못하게 하는 것은 남성의 생식력이다. 역시 기네스북에 따르면 세상에서 가장 많은 자식을 본 남성은 17~18세기에 걸쳐 살았던 모로코의 황제 물레이 이스마일이다. 그는 무려 888명의 자식을 두었다. 자그마치 500명이 넘는 처첩을 거느렸기 때문이다.

이처럼 비교적 암수 차이가 적을 듯한 인간의 경우를 보더라도 남성과 여성의 생식력은 양적으로 엄청나게 다르다. 그러나 동물행동학자들의 최근 연구에 따르면 많은 동물의 암컷들이 실제로 여러 수컷들과 성관계를 맺는다는 사실이 속속 밝혀지고 있다. 금실이 좋다 하여 결혼 선물로 주고받는 원앙새의 암컷도 종종 배다른 새끼들을 낳는다. 하지만 수컷과 암컷이 서로 여러 배우자를 상대한다 하더라도 책략 면에서는 상당한 차이를 보인다. 수컷들은 자식을 양적으로 늘리려는 데 비해 암컷들은 질적 향상을 도모한다. 여러 수컷들과 성관계를 가진 뒤 정자들끼리 치열한 경쟁을 하게끔 만들어 가장 뛰어난 정자를 택하거나 여러 수컷들의 정자를 두루 사용함으로써 유전적으로 다양한 자식들을 낳아 예측하기 어려운 환경 변화에 대처하기도 한다.

또 성관계를 가질 때마다 수컷에게 혼인 선물을 받는 암컷들은 좀 더 많은 수컷을 상대하여 자원을 축적하기도 하고, 여러 수컷들과 관계를 가져 그들로 하여금 태어난 자식이 제가끔 자기 핏줄이라고 생각하게 만들어 지속적인 보호와 지원을 제공받기도 한다. 아무리 여러 수컷과 관계를 가졌다 하더라도 암컷은 자기 몸에서 태어난 자식의 유전자 중 절반이 자기 것이라는 확신이 있지만 자칫하면 엉뚱한 남의 자식에게 투자할 수도 있는 수컷으로서는 온갖 방법을 다 동원하여 암컷의 바람기를 잠재워야 할 필요가 있는 것이다.

　여권주의자들은 흔히 진화생물학 또는 사회생물학이 그들의 이념에 어긋나는 학문이라고 생각하는 경향이 있는데 그처럼 어처구니없는 일은 또 없을 것이다. 『종의 기원』을 통해 우리 인간과 원숭이가 그 옛날 같은 조상으로부터 갈라져 진화했다고 설명한 다윈의 자연선택설이 그 당시 기독교 정신에 충만했던 서구인들에게 준 충격에 대해서 우리는 너무나 잘 알고 있다. 그러나 최근 과학사학자들의 분석에 의하면 성에 관한 최종 결정권이 여성에게 있다는, 그래서 암컷들에게 잘 보여 그에게 선택받기 위해 수컷들이 춤도 잘 추고 노래도 잘하고 몸도 화려하게 가꾸도록 진화할 수밖에 없었다는 성선택 이론이 당시 빅토리아 시대의 남성들에게 던진 충격과는 비교도 되지 않는다. 자연선택설을 입증하기 위한 연구들은 『종의 기원』이 발간된 즉시 시작되었지만 성선택설은 향후 거의 100년이 지나도록 검증은커녕 이렇다 할 논의조차 이뤄지지 못했다.

성에 관한 한 우위를 빼앗길 수 없다는 남성들의 공포가 그만큼 컸다는 뜻이다. 여성의 눈으로 재조명해 보는 동물 사회의 모습들을 통해 진화생물학과 페미니즘의 상호 이해에 새로운 전기가 마련되길 기대해 본다.

개미는 세습하지 않는다

혼인으로 왕국을 떠나는 여왕개미

아시아의 많은 재벌 경영인이 발빠르게 경영 구조를 바꾸고 있다. 우리나라에서도 한 젊은 재벌 2세가 앞으로 10년에서 15년이면 현행 재벌 체제가 사라질 것이라고 예언했다. 타의든 자의든, 실제로 거대 재벌들의 개혁이 시작된 셈이다. 앞으로 얼마나 빨리 우리 재벌들이 전문 경영인 체제로 탈바꿈하여 국제 경쟁력을 갖출 수 있게 될지 지켜볼 만한 일이다.

한편 종교계에서조차 자식에게 부와 권력을 물려주는 경향을 보이고 있다. 기독교인들뿐만 아니라 세상 거의 모든 사람의 추앙을 한 몸에 받아 온 빌리 그레이엄 전도사마저 아들에게 그의 '기업'을 물려줘 우리 모두를 허탈하게 만든 것이다. 물론 주변 인물 중 본인의 자식이 가장 훌륭하다고 판단되고 남들도 인정한다면 문제가 안 되겠지만 어떻게 재벌의 자식들은 그렇게 한결같이 잘났는지 신기할 뿐이다. 결코 혼자만의 기업이 아닌데도 이렇게 족벌 세습하는 것은 객관적으로 결코 현명한 일이 아니다.

그렇다면 우리 인간과 유사하게 최고 통치자를 모시고 사는 개미들의 세습 제도는 어떠한가. 개미 제국의 성공은 그 제국의 규모가 아니라 얼마나 많은 차세대 여왕개미들이 성공적으로 새로운 왕국을 건설하느냐에 따라 가늠된다. 일개미들을 많이 만드는 것은 오로지 그들로 하여금 더 많은 여왕개미와 수개미들을 길러내기 위한 수단이지 목적이 아니다. 거대한 규모의 군락을 형성하고도 차세대 여왕개미를 제대로 길러 내지 못한 개미 제국은 자기 몸 가꾸기에만 열심이고 후손을 남기지 않는 것과 다름없다.

여왕개미와 수개미는 이를테면 개미 기업이 만들어 내는 제품이다. 이들 역시 어느 정도의 규모가 되지 않으면 좋은 제품을 만들어 낼 수 없다. 팔리지도 않는 엉성한 제품을 만들 바엔 기업의 규모와 기술을 좀 더 개선한 다음 시장에 뛰어들어야 할 것이다. 개미 군락도 어느 정도의 경제 규모를 갖춰야 여왕개미나 수개미를 생산한다. 수개미는 여왕개미보다 비교적 적은 노력으로 만들 수 있기 때문에 경제 여건이 그다지 좋지 않은 해에는 수개미만 만들기로 할 수도 있다. 좋은 제품을 잘 만들어 경쟁할 자신이 없으면 조금 싼 제품을 많이 만들기도 하는 것이 우리네 기업들이 아닌가.

그래서 개미 제국의 연중 행사 중 혼인 비행만큼 중요한 것은 없다. 혼인 비행 절기에 개미 집 앞에는 마치 출발 총소리를 기다리는 마라톤 선수들처럼 웅성웅성 모여 있는 여왕개미와 수개미 들을 볼 수 있다. 일개미들은 무엇을 재는지 연신 더듬이를 하늘로 꼿꼿이 세운 채 바삐 돌아다닌다. 일개미들이 무언가를 재고 있다는 사실과 재야 하는 이유는 분명히 알고 있다. 다만 무얼 재는지를 모를 뿐이다.

나는 벌써 몇 년째 학생들과 함께 서울대학교 교정에 있는 몇몇 개미 군락의 혼례를 지켜보고 있다. 어떨 때는 며칠씩 그렇게 웅성거린다. 하루 종일 굴 밖에까지 나와 기다렸건만 끝내 총소리가 울리지 않아 개미떼들이 다시 굴속으로 들어가야 할 때면 그들의 투덜거리는 소리가 들려오는 듯하다. 그들로선 어쩔 수 없이 일개미들의 명령을 따를 수밖에 별 도리가 없다. 다른 군락에서는 여왕개미와 수개미들이 나오지 않는데 혼자 내보냈다가는 1년 농사를 하루아침에 망치는 격이라 매우 신중하게 결정을 내린다.

그러나 그렇게 정성스레 키운 여왕개미들도 혼인 비행을 떠나면 그것으로 끝이다. 아무도 어머니의 왕국으로 돌아와 권좌를 탐하지 않는다. 중남미 열대에서 나뭇잎을 끊어다 버섯을 경작하는 잎꾼개미의 경우 혼인 비행을 떠나는 어린 여왕개미들에게 씨버섯을 조금씩 지참금처럼 쥐어 주기만 할 뿐 다시 집으로 받아들이는 일은 없다. 혼자 자립할 수 있도록 키워 줄 뿐 평생 뒤를 돌보는 무모한 일은 하지 않는다. 아마 개미들이 우리네 재벌들처럼 눈먼 세습을 했더라면 오늘날 이렇게 성공적인 자연계의 지배자로 살아남지 못했을 것이다.

물론 자식에게 권좌를 물려주는 동물이 없는 것은 아니다. 점박이하이에나의 세계에서는 가장 지위가 높은 암컷의 딸이 통치권을 물려받는다. 말들의 사회에서도 으뜸 암말의 자식들이 큰일이 없는 한 계속 권력을 유지한다. 그러나 그들의 사회는 기업으로 말하자면 가내 수공업 또는 기껏해야 중소기업 정도에 지나지 않는다. 작은 규모의 집단에서는 세습이 더 효율적일 수도 있다. 그러나 수많은 직원들과 그 가족들이 함께 꾸려야 하는 대기업들은 투명한 전문 경영인이 아니고는 더 이상 이끌어 갈 수 없는 시대가 왔다.

아마도 그래서 대부분의 국가들도 더 이상 군주제를 채택하지 않고 있는지도 모른다. 아직도 국왕을 모시고 사는 영국이나 일본 같은 나라에서도 왕은 그저 상징적 존재일 뿐 실권을 쥐지 않는다. 인류의 역사를 돌이켜 보면 훌륭한 군주가 나라를 통치하던 시절만큼 태평성대가 없었다. 자비롭고 현명하고 능력 있는 사람이 나라를 맡는다는 보장만 있으면 군왕 정치보다 더 좋은 정치 체제가 없다는 사실은 정치학자가 아니라도 짐작할 수 있다. 민주주의는 가장 효율적인 제도가 결코 아니다. 다만 가장 공평하고 합리적인 제도일 뿐이다.

개미와 베짱이의 진실

일하는 개미는 전체 개미의 3분의 1

언젠가 선거를 앞둔 모 정당에서 개미를 그들의 상징 동물로 정한 일이 있었다. 누구나 잘 알고 있는 '개미와 베짱이' 이야기에 빗대어 그들이 미래를 위하여 열심히 노력하고 있다는 이미지를 강조하려는 의도였다.

하지만 '개미와 베짱이' 이야기는 실제와 상당한 차이가 있는 한낱 우화일 뿐이다. 이솝은 베짱이를 여름 내내 시원한 나무 그늘에 앉아 노래만 부르는 곤충으로 묘사했다. 그러나 베짱이가 쉬지도 않고 계속 노래를 해야 하는 까닭은 세월이 좋아 놀고먹기 위한 것이 아니다. 여름이 가기 전에 여러 암컷들에게 잘 보여 더 많은 자손을 퍼뜨려야 하기 때문이다. 노래를 부르느라 자신의 위치가 포식 동물들에게 알려지는 위험을 무릅쓰면서까지 나무 그늘에 숨어 나름대로 '열심히 일하고' 있는 것이다.

생산적인 일은 일찌감치 던져 버리고 그저 유권자들에게 잘 보여 표 모으는 일에만 열심인 듯한 직업 정치인들의 이미지엔 오히려 베짱이가 더 잘 어울리는 것 같다. 모름지기 정치를 한다는 이들은 대개 한밑천 마련한 다음 그저 허구한 날 표를 좇아 이리 뛰고 저리 뛰고 해야 한다. 베짱이 수컷들 역시 번식기가 시작되기 전까지는 열심히 먹어 몸을 살찌운 다음 일단 암컷들이 주변에 나타나기 시작하면 거의 식음을 전폐하고 노래만 부른다.

〈이솝 우화〉가 아니더라도 개미는 동양과 서양 모두에서 부지런한 동물의 대명사처럼 여겨졌다. 그래서 옛말에 "개미가 천 마리면 맷돌을 굴린다"고 했는가 하면, "천 길 제방도 개미구멍으로 무너진다"고도 했다. 실제로 개미굴 앞에 앉아 내려다보면 쉴 새 없이 드나드는 개미들의 모습에 감탄할밖에. 하지만 개미들은 군락 전체로 볼 때 부지런한 것이지 한 마리 한 마리를 놓고 볼 때는 결코 부지런한 동물이 아니다. 물론 종에 따라 다르고 군락에 따라 다르지만 대체로 어느 군락이건 일하는 개미들이 전체의 3분의 1을 넘지 않는다. 열심히 일하는 개미들에 비해 두 배는 족히 되는 개미들이 꼼짝도 하지 않고 가만히 있기만 한다.

우리 사회에도 주 5일 근무제 채택*을 놓고 논란이 일고 있다. 이젠 우리도 삶의 질을 찾아야겠다는 노동자들의 주장과 우리나라의 국제 경쟁력에 비춰 볼 때 아직 이르다는 일부 기업인들의 우려가 팽팽히 맞서고 있다. 나는 경제학자가 아니라서 어떻게 하는 것이 우리 경제에 더 좋은 것인지는 잘 모르겠지만 이 세상 그 어느 동물보다 우리 인간이 훨씬 더 많은 시간을 일한다는 것은 잘 알고 있다. 또 우리나라는 세계 그 어느 나라보다도 노동 시간이 긴 나라 중에 하나라는 사실도 직접 피부로 느끼며 산다. 주 5일 근무제가 채택된다 하더라도 40시간을 일하는 셈인데 다른 동물들이 들으면 혀를 내두를 일이다.

인간과 개미를 그대로 비교하는 것은 어쩌면 그리 공평하지 않을지도 모른다. 우리는 보통 하루 종일 일을 하고 집에 돌아온 후에야 정말 제대로 쉰다. 책을 읽거나 TV를 보거나 잠을 자거나 그냥 쉴 수 있다. 하지만 개미들의 경우엔 엄밀하게 말하면 쉬는 것이 아니다. 만일의 사태를 대비하여 에너지를 절약하기 위해 그저 움직이지 않는 것이지 정말 쉬는 것은 아니다. 정치권에서 심심찮게 얘기되는 이른바 '위기 관리 내각'인 셈이다.

---

* 2003년 근로기준법이 개정되어 2004년 7월부터 주 40시간 근무제가 도입되었다.

개미는 대표적인 사회적 동물이다. 우리 인간 역시 사회적인 동물이다. 아리스토텔레스가 그렇다고 해서 그런 게 아니라 실제로 사회를 떠나 살 수 있는 사람은 거의 없다. 함께 모여 살다 보니 어쩔 수 없이 계급의 차이가 생기기 마련이나 그 차이가 고정 불변이라 돌이킬 수 없는 것은 아니다. 그러나 개미 사회에서는 여왕개미와 일개미가 어려서부터 엄격하게 구분된다. 아예 여왕이 없는 몇몇 종들을 제외하고는 일개미가 아무리 노력한다고 해도 여왕개미가 될 수는 없다. 그러나 기가 막힐 일은 일개미나 여왕개미나 유전적으로 볼 때는 전혀 차이가 없는 똑같은 암컷들이라는 사실이다. 다만 어려서 다른 일개미들에게 차세대 여왕감으로 선택된 개미는 남보다 훨씬 많은 양의 음식을 제공받아 크고 강하게 자랄 뿐이다.

그렇게 일단 여왕이 되고 나면 똑같이 암컷으로 태어난 다른 일개미들을 부리며 홀로 번식할 수 있는 영광을 누린다. 그러나 일개미들이 알을 낳지 않는 이유는 그들의 생식 기관이 발달하지 않아서가 아니라 여왕개미가 그들을 화학적으로 알을 낳지 못하도록 조절하기 때문이다. 이른바 여왕 물질이라는 일종의 페로몬을 분비하여 강제로 수태할 수 없게 만드는 것이다. 인간 사회에서도 지적 장애아 같은 이에게 종종 시술하여 세계적으로 문제가 되는 강제 불임 수술과도 흡사하다.

물론 군락을 위한 것이라고는 하나 여왕개미는 이처럼 자신의 이익을 위해 친딸들에게 강제로 불임 수술을 해 가며 권력을 유지하려 한다. 나의 연구에 의하면 때론 굴 한쪽 구석에서 따로 알을 낳아 기르기도 하는 일개미들이 있다. 물론 키워 봐야 수개미밖에 안 되지만 만일 발각되는 날에는 여왕의 가차 없는 숙청이 따른다.

한 정당이 스스로 개미라 칭할 때 대부분은 놀고 먹는 것처럼 보이는 일개미에 비유하는 것인지, 아니면 국민들은 일개미처럼 죽어라 일하도록 만들고 그 위에 군림하는 여왕개미가 되고 싶은 것인지, 개미의 행동과 생태를 연구하는 나로선 뭔가 석연치 않다.

호주제', 이제 그 낡은 옷을 벗어라

동물 세계에 부계사회는 없다

새 밀레니엄의 벽두에 〈EBS의 세상보기〉 프로그램에서 '여성의 세기가 밝았다'라는 주제로 남녀평등의 문제를 생물학적으로 재분석해 보는 기회가 있었다. 여섯 번에 걸친 강의에서 나는 인간 사회의 남녀 불평등이 얼마나 근거 없는 것인가를 과학의 눈으로 다시 한 번 짚어 보았다.

생물학자가, 그것도 사회생물학자가 남녀평등의 문제를 들고 나오기란 사실 그리 쉬운 일이 아니다. 왜냐하면 1970년대 미국을 중심으로 사회생물학이 등장할 때 참으로 불행스럽게도 페미니스트들과 정면충돌한 일이 있었기 때문이다. 이제 와서 누구의 잘잘못을 가린다는 것 자체가 의미 없

• 2005년 헌법재판소의 호주제 헌법불합치 결정과 여성계를 중심으로 한 거센 폐지 요구에 따라 2008년 1월 1일부터 폐지되어, 현재는 가족관계등록부 제도가 시행되고 있다.

는 일이 되었지만 양쪽 다 약간의 책임은 있는 것 같다. 물론 초창기 사회생물학자들의 경솔한 발언이 문제의 발단이었지만 끝까지 들어 보지 않고 너무도 쉽게 사회생물학자들을 적으로 규정해 버린 당시 페미니스트들의 성급함에도 약간의 문제는 있다.

다윈 역시 빅토리아 시대에 살았던 남성이라 종종 여성을 비하하는 듯한 글을 쓴 것은 사실이지만, 그의 이론은 철저하게 여성 중심적이다. 다윈이 생각한 세상의 질서에는 단연 자식이 최고의 위치를 차지하며 그 자식을 직접 생산할 수 있는 여성이 그다음이고 남성은 어쩔 수 없이 부수적인 존재에 지나지 않는다.

EBS 강연 중 맨 마지막 강의에서 나는 조만간 우리 사회에서 벌어질 여러 가지 사건들에 대하여 구체적인 예측과 방안들을 제시한 바 있다. 그중 하나가 바로 호주제의 모순이다. '호주제 폐지를 위한 시민 연대'가 법원에 위헌 소송을 준비하고 있다 하여 나도 그 과학적 당위성을 다시 한 번 확인하려 한다.

호주제가 만일 부계로 이어지는 혈통을 유지하기 위한 제도라면 생물학적으로 뒷받침하기 대단히 어렵다. 자연계의 그 어느 동물 사회에서도 진정한 의미의 부계란 찾을 수 없다. 우리와 가장 진화적으로 가까운 동물인 침팬지와 보노보 사회에서 '암수 중 누가 더 높은 사회적 지위를 갖고 있는가' 물으면 여러 가지 대답이 있을 수 있다. 서로가 만나 행하는 의례 행위를 보면 수컷이 100퍼센트 우위를 점하고 있는 것처럼 보이고, 실제 싸움에서도 수컷이 80퍼센트 우위에 있지만, 누가 궁극적으로 더 좋은 먹이를 취하느냐 또는 가장 좋은 자리를 차지하여 앉느냐를 물으면 80퍼센트는 암컷이다. 누구를 통해 혈통이 이어지는가를 물으면 당연히 암컷일 수밖에 없다.

생명의 주체성을 남성에게 붙잡아 두려는 초창기 남성 과학자들의 억지스런 노력이 "정자 속에 작은 아기가 들어 앉아 있다가 영양분을 제공해 줄 난자를 만나면 사람으로 성장한다"는 수치스런 학설을 낳기도 했다. 만일 정자 속에 작은 인간이 들어 있다면 그 인간의 정자 속에는 또 작은 인간이 들어 있어야 하고 또 그 정자 속에 더 작은 인간이 들어 있어야 하고……. 생명의 모습이 마치 인형 안에 또 인형이 들어 있는 러시아 인형과도 같아야 할 것이다.

정자는 남성의 DNA를 난자로 운반하기 위해 이 세상에서 가장 값싸게 만든 기계에 지나지 않는다. 그야말로 퀵서비스에 유전 물질의 운반을 맡긴 격이다. 그에 비하면 난자는 여성의 DNA는 물론 성장에 필요한 기구들을 다 갖추고 있다. 난자는 정자처럼 자신의 핵 속에 DNA를 준비하고 있

동물들이 사는 모습을 알면 알수록
그들을 사랑하게 되는 것은 물론,
우리 스스로도 더욱 사랑하게 된다.

는 것은 물론 핵을 둘러싸고 있는 세포질도 제공한다. 투자의 개념으로 따진다면 이미 이 수준에서부터 불공평하게 되어 있다.

인간의 정자가 난자를 파고드는 장면을 전자 현미경으로 촬영한 사진을 보고 있노라면 나는 가끔 달나라에 내려앉는 우주선을 떠올린다. 난자에 비해 정자가 엄청나게 작은 것은 인간의 경우만이 아니다. 자연계의 모든 동물에서 한결같이 관찰되는 현상이다. 물고기는 물고기이되 물고기처럼 보이시 않는 해마의 경우에도 마찬가지다. 해마는 싹짓기가 끝나기 무섭게 암컷이 수정란들을 수컷의 배주머니에 넣어 주곤 사라져 버린다. 아빠가 홀로 남아 자식을 기르는 동물들이 전혀 없는 것은 아니지만 배가 불러 오는 경험까지 하는 수컷은 그리 흔하지 않다. 그런 해마의 세계에서도 정자는 역시 난자에 비해 상대가 되지 않을 정도로 작다.

난자가 준비하고 있는 기구들 중의 하나가 에너지를 생산하는 미토콘드리아Mitochondria라는 기관인데 그들은 핵 속에 들어 있는 DNA와 별도로 독자적인 DNA를 가지고 있다. 그 옛날 독립적으로 생활하며 스스로 에너지를 생산할 줄 알던 단세포 생물이 아메바처럼 생긴 세포 속에 들어와 함께 살게 되었는데 지금까지도 DNA는 서로 섞이지 않고 살고 있는 것으로 보인다. 흥미로운 사실은 핵 속의 DNA는 암수가 서로 반씩 제공하여 한 쌍을 만드는 데 비해 미토콘드리아의 DNA는 오로지 모계를 따라 세포질로만 전달된다는 것이다.

미토콘드리아의 DNA가 모계로만 이어진다는 바로 이 사실을 이용하면 어느 생물이건 그 혈통을 확인할 수 있다. 그렇게 인간 세포 속의 미토콘드리아 DNA의 역사를 거슬러 올라가 보았더니 우리 인류의 조상이 저 아프리카 초원에 누워 계시던 '루시Lucy'라는 이름의 할머니라는 잠정적인 결론에 도달할 수 있었던 것이다. 혈통을 따지자면 이브가 먼저 만들어진 후 그의 갈비뼈로 아담이 만들어졌을 가능성이 훨씬 크다.

호주제는 시대에 비해 너무나 낡은 옷이다. 무엇보다 인본주의적 차원에서 호주제는 폐지되어야 한다. 왜 다 같은 인간인데 여성들에게는 그런 권리가 주어지지 않는가. 역사적으로도 호주제는 그리 오랜 관습이 아니다. 일제시대가 만들어 낸 악습에 불과하다. 호주제와 비슷한 제도를 가지고 있던 세계 모든 나라들도 지난 세기에 다 벗어던졌다. 이젠 우리도 훌훌 벗을 때가 됐다.

호주제 폐지에 반대하는 남성들이 적지 않은 것으로 안다. 하지만 호주제가 실제로는 남성을 더 얽어매는 제도라는 걸 이해하는 남성은 몇 안 되는 것 같다. 호주제로 인한 허울 좋은 가부장제로 억압받는 것은 여성만이 아니다. 제도만 덩그러니 남아 있을 뿐 실제로 남자로서 거드름을 피울 수 있는 '간 큰 남자'가 우리 시대에 과연 몇이나 있는지 묻고 싶다. 구시대의 멍에를 벗고 진정 자유롭게 하고 싶은 일을 마음대로 하려면 남성 스스로가 자진해서 버려야 할 구습이 바로 호주제다.

어린이날의 진정한 의미

나뭇잎 엮는 베짜기개미 애벌레

해마다 뛰어난 학자, 문학가 그리고 인류 평화에 몸 바친 아름다운 사람들에게 노벨상을 수여하는 스웨덴 정부가 새로운 세기를 겨냥하여 세계어린이상을 제정했다. 이른바 '어린이 노벨상'이라 불리는 이 상은 세계 각국에서 선발된 15명의 어린이들로 이뤄진 선정위원회가 수상자들을 결정한다.

이 상의 첫 수상자로 나치의 유태인 수용소 생활을 일기로 남긴 안네 프랑크와 함께 파키스탄의 이크발 마시가 선정됐다. 이크발은 아주 어렸을 때 양탄자 공장에 끌려가 노예처럼 일만 하다 1995년 겨우 열두 살 나이에 세상을 떠난 어린이다. 그는 자신처럼 양탄자 공장에서 강제 노역을 하는 많은 아이의 권익을 위해 노동 운동을 벌이다 처참하게 살해되고 말았다. 아직도 부모 곁에서 응석 부려야 할 나이건만 그 한 많고 짧은 인생을 자기처럼 무참하게 착취당하는 아이들을 위해 살다 떠난 천사였다.

과거 미국에 살 때 일이다. 한 TV 시사 프로그램에서 관상용 열대어를 잡는 필리핀 아이들을 본 적이 있다. 세계 각국으로 수출하기 위해 필리핀 근해에서 열대어를 잡는 상인들의 뱃전에서 예닐곱 살밖에 안 돼 보이는 아이들이 허리에 밧줄을 묶은 채 바닷물로 뛰어들고 있었다.

그런데 그 아이들의 몸을 묶고 있는 밧줄의 또 다른 끝에는 무거운 추가 하나씩 달려 있었다. 산소 호흡기도 없이 잠수해야 하는 까닭에 빨리 물 밑으로 내려갈 수 있도록 매단 것이지만, 사실 그 추는 고기를 충분히 잡기 전에는 올라올 수 없도록 매달아 놓은 잔인한 족쇄였다. 몇 시간씩 계속되는 작업에 지칠 대로 지친 아이들이 숨을 유지하지 못해 죽어 나가는 일이 허다하다는 기자의 말에 나는 눈물이 왈칵 치받았다.

자연계의 모든 동물 중 미성년자를 작업장에 몰아넣는 짐승은 우리 인간과 베짜기개미밖에 없는 것 같다. 베짜기개미는 아프리카와 아시아 그리고 호주의 열대 지방 나무 꼭대기에 이파리로 엮은 집에서 산다. 큰 군락은 상당한 면적의 영역을 지키며 사는데 그 영역 안에는 때로 큼직한 나무가 여러 그루씩 포함되기도 한다. 그렇다고 해서 그 면적 전체의 땅을 다 지키는 것은 아니다. 땅속엔 따로 군락을 형성하고 사는 개미들이 있다. 베짜기개미들은 다만 나무와 나무로 연결된 공중에 떠 있는 삼차원 공간을 지킬 뿐이다.

공중에 떠 있다면 여왕은 어디에 모시며 아이들은 어디서 기를까. 베짜기개미는 자기 애벌레들을 마치 베틀 북처럼 사용하여 살 집을 짓는다. 우선 여러 마리의 일개미들이 협동하여 가까이 있는 나뭇잎들을 끌어당긴 다음, 몸집이 큰 일개미들이 애벌레들을 입에 물고 두 나뭇잎 가장자리로 고개를 번갈아 움직인다. 일개미의 큰 턱에 허리가 묶여 움직이지 못하는 애벌레들은 끈끈한 명주실을 분비하여 나뭇잎들을 엮는다. 그들은 이렇게 여러 나뭇잎들을 엮어 어른의 주먹 크기에서 머리통 크기만 한 방들을 만든다. 그렇게 만든 방들 중 어떤 방에는 여왕이 기거하고 또 어떤 방들은 아가방이 된다.

애벌레들이 분비하는 명주실은 원래 그들이 번데기가 됐을 때 들어앉을 고치를 만드는 데 사용하는 물질이다. 따라서 작업장에 차출된 애벌레들은 결국 자신의 몸을 감쌀 명주실이 모자라 고치를 틀 수 없게 된다. 어떤 애벌레들이 선발되는 것인지는 알려지지 않았지만 착취당하는 입장에서는 생명에 위협을 받는 엄청난 일이다.

5월 5일은 어린이날이다. 해마다 이날이면 온갖 놀이공원들이 갑자기 북새통을 이룬다. 다른 날 아이들과 함께 놀아 주지 못하는 이 땅의 아빠들이 하루 봉사하는 날이다. 거의 매일 바깥일로 밤늦게야 집에 돌아온 아빠가 볼 수 있는 것은 이미 깊은 잠에 빠진 아이들의 얼굴뿐이다. 아침에는 아침대로 서둘러 일터로 나가야 하니 놀아 줄 시간을 찾기란 여간 힘든 게 아니다.

어린이날은 우리네 삶의 결실이자 국가의 장래인 어린이들이 너무도 대접받지 못하는 현실이 한스러워 소파 방정환 선생께서 제정한 날이다. 하지만 선진국에서는 찾아보기 힘든 기념일이다. 왜냐하면 선진국에서는 365일 모두가 어린이날이기 때문이다. 어떤 의미에서는 어린이날이란 게 있다는 사실 자체가 스스로 후진국임을 자처하는 꼴이다.

보건복지부의 발표에 따르면 우리나라도 곧 선진국형 아동복지법을 시행한다. 그러면 아무리 자기 자식이라도 육체적으로, 정신적으로 학대할 수 없게 된다. 베짜기개미 사회는 그래도 우리보다 낫다. 그들은 사회를 위해 봉사한 아이들을 마냥 내팽개치지 않는다. 명주실 공장에서 일한 애벌레들이 어른들의 분비물로 만든 집 속에서 고치를 틀지 않고서도 안전하게 자랄 수 있도록 사회 보장 제도가 갖춰져 있다. 아마도 그들의 역사에는 우리보다 훨씬 먼저 『올리버 트위스트』의 작가 찰스 디킨스나 페스탈로치 같은 이들이 있었던 모양이다.

잠자리는 공룡 시대에도 살았다

사라져 가는 잠자리 가문의 역사

용이 나는 걸 본 적이 있는가? 용파리는? 밑도 끝도 없이 무슨 용 얘긴가 하겠지만 잠자리의 영어 이름Dragonfly 때문이다. 서양 잠자리들은 어쩌다 이런 거창한 이름들을 갖게 되었을까? 아마도 고생대 시절부터 줄곧 이 지구의 하늘을 난 위용 덕분인지도 모르겠다. 그들은 공룡이 나타났다 사라지는 걸 지켜보았을 뿐 아니라 새들이 하늘로 날아오르는 걸 목격한 동물이다. 중생대 때 익룡들과 함께 하늘을 날던 시절에는 그들의 날개가 까마귀의 날개만 했으니 가히 용이라 칭해도 손색이 없으리라.

어디 그뿐이랴. 서양 설화에서는 잠자리가 뱀의 하인이며 죽은 사람을 살려 내는 능력을 지녔다고 믿는다. 말 안 듣는 아이들이 잠잘 때 그 입술을 꿰매 버린다 하여 '감침질 하는 악마의 바늘'이라 부르기도 한다. 그러나 이런 악명과는 딴판으로 잠자리는 해충을 잡아먹는 익충이다. 유충 시절에는 물속에서 모기 유충인 장구벌레를, 또 성충으로는 하늘을 날며 역시 모기를 잡는다 하여 '모기 매'라는 별명을 얻기도 했다.

셀로판처럼 얇은 날개지만 얼기설기 엮인 그물 같은 골격 덕에 잠자리는 엄청난 추진력을 발휘한다. 어느 곤충학자가 측정한 바에 따르면 한 시간에 40킬로미터를 난다지만 실제로는 더 빠를 것으로 추정된다. 그러나 잠자리의 비행은 속도보다 유연성에서 진가를 나타낸다. 후진 비행은 물론 급정거와 급회전 그리고 공중회전 등 다양한 묘기들을 갖고 있다. 몸무게의 3분의 1에서 거의 반이 다 날개 근육이라니 짐작이 가고도 남으리라.

최근 독일의 막스 플랑크 연구소에서는 잠자리 날개의 유연성과 뜻밖의 강인함에 대해 조직적인 연구를 진행하고 있다. 그물망처럼 짜여 있는 골격의 기능은 물론, 그런 골격들을 이어 주는 특수한 단백질의 특성을 연구하고 있다. 그들의 연구가 좋은 결과를 얻으면 인간이 만드는 비행기의 구조나 재료에 관한 연구에도 새로운 전기가 마련될지도 모르겠다.

잠자리채를 한 번도 쥐어 보지 못한 이들이 있을까. 나는 직업이 직업이니만큼 지금도 잠자리채를 쥐고 산다. 그런데 잠자리 잡기에도 나름의 방법이 있다. 계속 겁을 줘도 같은 나뭇가지 끝에 끈질기게 돌아와 자리를 잡는 고추잠자리라면 모를까 제법 몸집이 큰 놈들은 잠자리채로 잡기가 그리 쉬운 게 아니다. 바람을 가를 듯 미끄러져 달아나는 큼직한 잠자리가 잠자리채 속으로 빨려 들어올 때 느끼는 쾌감은 잡아 본 사람이 아니면 모른다. 고추잠자리를 손으로 잡는 재미도 쏠쏠하다. 옆에서 얼른 잡아 달라고 조르는 아들 녀석을 조용히 시키며 한 마리 낚아챘을 때 느끼는 희열도 보통은 넘는다. 그리곤 두 쌍의 날개들을 가지런히 포개어 아들의 손가락 사이에 끼워 줬을 때 좋아하는 모습을 보는 기쁨은 더욱 크다.

어려서 거미줄을 이용하여 잠자리를 잡던 기억이 난다. 동네 구멍가게에서 산 잠자리채의 망사를 뜯어내고 그 빈원을 거미줄로 채우는 것이다. 온 마을을 돌아다니며 거미줄이란 거미줄은 몽땅 수거한다. 한 대여섯 시간 그렇게 모으면 제법 두툼한 거미줄 잠자리채가 만들어진다. 그걸로 과연 잠자리가 잡히랴 싶겠지만 한 번 휘두를 때마다 마치 지남철에 못 달라붙듯 철커덕철커덕 잠자리들이 들러붙는 맛이란 말로 표현하기 어렵다.

특별히 잡기 어려운 왕잠자리 같은 녀석을 잡으려면 독특한 꾀를 써야 한다. 우선 암컷을 한 마리 잡아야 장사를 벌일 수 있다. 어렵게 잡은 암컷을 실에 묶어 날리면 암내를 맡은 수컷들이 줄줄이 달라붙는다. 열 살쯤 되었을 때였나, 논 가장자리에 나 있는 도랑을 따라 오르락내리락하며 오후 한나절에 일곱 마리의 왕잠자리를 잡았던 적이 있다. 내 생애 그때만큼 나 자신이 자랑스러웠던 때는 또 없었던 것 같다.

공룡이 다 사라진 오늘에도 꿋꿋이 살아남은 잠자리들이지만 드디어 인간의 등쌀에 한 많은 이 지구상의 삶을 접는 종들이 적지 않은 듯싶다. 유충들이 살 수 있는 맑은 물이 사라지면서 많은 종이 절멸의 위기에 놓였다. 그나마 살아남은 종들의 경우 알을 낳을 만한 곳이 마땅치 않은 도시 한복판에서 끝없이 방황하는 모습을 보면 가슴이 저려 온다.

여름철 한낮에 신호등을 기다리며 서 있을 때 자동차 위에 계속해서 꽁지를 내리꽂는 잠자리들을 본 적이 있을 것이다. 아직 실험을 통해 확인된 것은 아니지만 그들은 어쩌면 반짝이는 자동차 표면을 햇빛에 반사되는 수면으로 착각하고 그곳에 알을 낳으려 계속 내려앉는 것인지도 모른다.• 이 지구에 막내격으로 태어난 인간과는 비교도 되지 않게 긴 역사를 지닌 가문이지만 인간이 만든 불도저 앞에서 그

• 2001년 1월 초에 방영된 EBS 다큐멘터리 〈잠자리〉에서 사실로 밝혀졌다.

야말로 형장의 이슬처럼 사라지고 있다.

웅덩이를 메우고 아파트를 하나 지을 때마다 그 유구한 역사가 함께 파묻힌다. "잠자리 꽁지 맞추듯 한다"는 옛말이 있다. 불도저 앞에 잠자리들의 보금자리는 이처럼 허무하게 사라지고 있다. 또 그렇게 한번 파묻힌 역사는 다시 파낸다 하더라도 되살아나지 않는다. 든 사람은 몰라도 난 사람은 안다 했다. 새롭게 만드는 희열도 크지만 늘 같이 있던 걸 잃는 아픔은 더 큰 법이다. 늘 함께 있었는지조차 모르고 있었다면 할 말이 없지만.

원앙은 과연 잉꼬부부인가

다른 암컷 넘보는 수컷

요즘엔 가을에도 봄철 못지않게 결혼식들을 많이 올린다. 그래서 인쇄소마다 청첩장을 찍으며 귀뚜라미와 함께 밤을 새운다고 한다. 언제부터 시작되었는지는 확실치 않으나 갓 혼례를 올린 신랑 신부에게 목각 원앙새 한 쌍을 선물하는 풍습이 있다. 특별히 부부간에 금실이 좋은 새라 여겨 같이 오래오래 행복하게 잘 살라고 주는 정표일 것이다. 그런데 수컷이 암컷보다 훨씬 화려한 깃털을 지닌 게 원앙이라는 사실을 모르는 이들은 종종 암수를 바꾸어 진열해 놓았다가 웃음거리가 되곤 한다.

하지만 이렇듯 암수를 혼동하는 것은 사실 간단히 웃어 넘길 일이 아니다. 우리 인간을 포함한 대부분의 젖먹이동물들이 일부다처제를 즐기는 동물들인데 반하여 대부분의 새들은 일부일처제의 번식 구조를 갖고 있다. 배 속에서 수정란을 일정 기간 자라게 하여 새끼를 낳은 후 젖을 먹여 키워야 하는 젖먹이동물의 암컷들은 애당초 매우 공평하지 못한 결혼 계약을 맺었다. 수컷들보다 엄청나게 많은 시간적 내지는 물질적 투자를 하고도 사뭇 불리한 계약인 것이다. 그러나 새들의 경우에는 암컷이 수정란을 즉시 몸 밖으로 내보내기 때문에 움직이지도 못하고 둥지 속에 누워 있는 알들을 내려다보며 나 몰라라 할 아빠새가 그리 많지 않은 듯싶다. 포유류 암컷이 태아를 배 속에 지니고 있는 동안 암새들은 일찌감치 알을 둥지에 내려놓아 남편도 품을 수 있게 한다.

새들 중에서도 갈매기만큼이나 암수가 공평하게 자식 양육에 동참하는 예는 그리 흔치 않다. 조류학자들의 관찰에 의하면 갈매기 부부는 거의 완벽하게 열두 시간씩 둥지에 앉아 서로 알을 품는다. 그리고 나머지 열두 시간은 바다에 나가 물고기를 잡아들이는 바깥일을 본다. 바깥양반이나 집사람의 개념이 전혀 없는 사회다. 남녀평등이라는 관점에서 보면 갈매기가 우리 인간보다 훨씬 앞선 동물들이다.

갈매기 부부의 금실은 실로 탄복할 만하다. 갈매기 부부는 비번식기인 겨울에는 서로 헤어져 살지만 해마다 번식기가 되면 어김없이 같은 장소로 날아와 지난 여름 함께 신방을 꾸몄던 짝을 찾는다. 물론 지난해의 결혼 생활이 그리 순

탄치 않았다면, 다시 말해서 자식들을 제대로 키워 내지 못한 경우에는 미련 없이 서로 갈라서기도 한다. 그러나 성공적으로 자식들을 기른 부부는 애써 서로를 찾는다. 겨우내 또는 먼바다로의 긴 여정에 둘 중 누구에게라도 불행이 닥쳐 돌아올 수 없게 되었을 때 며칠씩 짝을 찾아 우는 소리는 우리 인간의 귀에도 마치 사랑하는 임을 그리며 통곡하는 절규처럼 들린다.

이렇게 부부가 함께 자식 양육에 힘을 모으는 새들의 수컷은 대개 암컷이나 별로 다를 바 없는 깃털들을 지니고 있다. 실제로 갈매기의 암수를 구별하기란 퍽 어려운 일이다. 그렇다면 왜 원앙의 수컷은 그렇게도 화려한 옷을 차려입었는가? 최근 동물행동학자들의 연구에 의하면 수원앙은 뜻밖에도 결코 믿을 만한 남편이 못 된다. 아내가 버젓이 있는데도 호시탐탐 다른 여자들을 넘보는 뻔뻔스런 남편이다. 자기 아내는 다른 사내들이 넘보지 못하도록 지키면서 기회만 있으면 반강제적으로 남의 여자를 겁탈하기 일쑤다.

실제로 한 둥지에서 태어난 새끼들의 유전자를 분석해 보면 상당수가 아비가 서로 다른 것을 알 수 있다. 내가 남의 아내를 넘볼 수 있으면 남도 그럴 수 있다는 엄연한 삶의 진리는 새 둥지 속에서도 이렇듯 나타난다. 평생 한 지아비만을 섬기며 행복한 가정을 꾸려 갈 아름다운 꿈을 꾸는 새

신부에게 원앙은 그다지 어울리는 선물이 아니다. 그래서 나는 가끔 옛날 우리 할아버지들께서 겉으로는 충실한 남편인 양 행동하면서 일단 혼례를 올린 뒤엔 늘 다른 여인들을 넘보는 수원앙의 속성을 이미 알고 있었던 것은 아닐까 하는 사뭇 짓궂은 생각을 해 본다.

일본에는 '비너스의 꽃바구니Venus's flower basket'라 부르는 바다 해면 동물을 말려 결혼 선물로 주는 풍습이 있다. 재미있게도 이 해면 동물의 몸속에는 새우가 들어와 산다. 그런데 이 새우는 어려서는 비너스의 꽃바구니 몸에 나 있는 격자 무늬의 구멍으로 드나들 수 있지만 몇 번의 탈피를 거쳐 몸집이 커지면 더 이상 밖으로 나가지 못하고 그 안에서 평생 살게 된다. 그래서 비너스의 꽃바구니를 우리말로는 한자어를 빌려 '해로동혈偕老同穴'이라 부르기도 한다.

물론 새우는 비너스의 꽃바구니가 만들어 준 아름다운 유리 격자 안에서 다른 포식 동물들의 위협으로부터 보호를 받으며 편안하게 살지만, 보는 관점에 따라서는 가정이라는 창살 속에 갇혀 무료한 삶을 보내고 있는지도 모를 일이다. 결혼 풍습만 보더라도 최근 적지 않은 일본 여성들이 정계에 진출하고 있는 것은 사실이지만, 왜 일본 여성들의 사회 참여도나 여권이 대체로 우리나라 여성들에 비해 뒤지는지 조금은 엿볼 수 있을 것 같다.

동물계의 요부, 반딧불이

다른 종을 유혹하는 포투리스 반딧불이

불과 십수 년 전만 해도 웬만한 시골이면 어렵지 않게 볼 수 있었던 반딧불이가 요즘엔 하도 귀해서 어디든 나타나기만 하면 큰 뉴스거리가 되곤 한다. 하지만 개똥도 약에 쓰려면 없다 했던가. 일명 개똥벌레라 불리는 반딧불이의 불은 우리 산천 거의 모든 곳에서 꺼져 버린 지 오래다.

그래도 전라북도 무주에는 아직 옛 모습이 그런대로 남아 있다고 하니 참으로 다행스러운 일이다. 그렇지만 반딧불이들이 살 수 있는 청정 환경은 우리들 역시 좋아하는지라, 얼마 전 그곳에 거대한 휴양 시설이 들어서고 세상 사람들이 다 몰려와 온 사방을 짓밟고 갔으니 반딧불이들의 운명도 그들이 만들어 내는 희미한 불빛마냥 애처롭기 그지없다.

반딧불이는 여러 면으로 매우 신기한 곤충이다. 어려서

반딧불이를 손으로 잡아 본 이들은 잘 아는 사실이지만 그들이 내는 불빛은 촛불이나 전구가 발하는 빛과는 달리 차가운 빛이다. 화학적으로는 루시페린Luciferin이라는 물질이 산소와 반응하여 생기는 빛으로 열 손실이 거의 없어 우리가 사용하는 전기보다 훨씬 더 효율적인 빛 에너지다.

열대 지방의 밤바다에 배를 띄우고 휴가를 보낸 적이 있는 이들 중엔 뱃전에서 노를 저을 때마다 바닷물이 초록빛으로 반짝이는 걸 본 일이 있을 것이다. 그곳 바닷속에 사는 미세한 조류들이 반딧불이와 같은 방법으로 냉광을 만들어 내기 때문에 생기는 현상이다. 여유가 있으면 신혼여행을 그런 곳으로 가서 신기한 자연을 즐기고 오는 것도 좋은 추억이 될 것이다.

반딧불이들이 꽁지에 불을 밝히고 하염없이 밤하늘을 나는 것은 사랑을 나눌 연인을 찾기 위해서다. 옛날 가난한 선비들이 반딧불이들을 많이 잡아서 그 불빛에 책을 읽었다고 하는데 그 불빛이 애타게 연인을 부르는 절규임을 아는 선비가 과연 몇이나 있었을까? 동물들은 다 제가끔 독특한 짝짓기 신호들을 가지고 있지만 어두운 밤 깜빡이는 불빛으로 서로의 사랑을 확인하는 반딧불이의 신호만큼 아름다운 것도 그리 흔치 않으리라.

외국의 경우 반딧불이들이 많이 나타나는 지역에는 하

룻밤에도 대여섯 종의 수컷들이 온통 범벅이 되어 암컷들을 찾아 날아다닌다. 만일 자기와 같은 종에 속하지 않는 엉뚱한 암컷을 만나 사랑을 나누면 자손을 퍼뜨리는 데는 아무런 도움이 되질 않는다. 따라서 반딧불이들은 제가끔 자기 종 특유의 불빛 무늬를 갖도록 진화했다. 어떤 종의 수컷들은 반짝반짝 짧은 빛을 여러 번 반복하는 무늬를 만드는가 하면 또 어떤 종은 빛을 길게 끌며 날아 절묘한 곡선 무늬를 만들기도 한다.

종에 따라 다르긴 해도 암컷들은 아예 날개가 없거나 있어도 날아다니며 불빛을 비추지 않는다. 암컷들은 대개 풀잎 끝에 앉아 독특한 불빛 무늬를 그리며 날아다니는 수컷들의 춤을 감상하다 마음에 드는 수컷이 가까이 오면 사뭇 은근한 불빛 신호를 보내 자신의 위치를 알린다. 이어 연속적으로 몇 번에 걸쳐 서로 바삐 신호를 주고받은 뒤 수컷이 암컷 곁으로 내려앉아 교미를 하게 된다.

그런데 미국 동부에 사는 몇몇 반딧불이포투리스, Photuris 암컷들은 다른 종의 수컷들이 보내는 신호들을 읽을 줄 아는 것은 물론 그 종의 암컷이 보내는 응답 신호를 흉내낼 줄도 안다. 몸집도 비교적 큰 이 암컷들은 속임 신호인 줄도 모르고 벅찬 정사의 꿈을 안고 내려앉은 다른 종의 수컷들을 품에 안고 저녁 식사를 즐긴다.

어두운 밤 깜빡이는 불빛으로
서로의 사랑을 확인하는 반딧불이의 신호만큼
아름다운 것도 그리 흔치 않으리라.

동서양을 막론하고 요부의 유혹에 빠져 아까운 목숨을 잃은 남정네들의 얘기는 숱하게 많다. 그중에서도 나는 포투리스 반딧불이를 생각할 때마다 어려서 들은 옛이야기가 생각난다. 길을 가던 나그네가 밤이 깊어 걱정하던 차에 멀리 아른거리는 불빛이 있어 찾아가니 숲속의 작은 오두막에서 절세미인이 반기더라는 얘기. 사랑방에 누워 안채의 여인을 생각하며 뒤척이다 뒤늦게 잠이 들었는데 왠지 숨이 막히는 것 같아 눈을 떠 보니 큰 구렁이가 몸을 칭칭 감고 있더라는 얘기 말이다.

더욱 놀라운 것은 포투리스 반딧불이 암컷이 하룻밤에도 여러 종의 신호를 흉내낼 수 있다는 사실이다. 어떻게 그 작은 곤충이 쌀알보다도 작은 뇌 속에 그 많은 정보를 간직하고 있으며 각각의 종에 맞게 적절한 속임 신호를 보낼 수 있는지는 현재 여러 학자들에게 흥미로운 연구 과제가 되고 있다. 기록에 의하면 우리나라엔 모두 일곱 종의 반딧불이가 서식한다지만 그들의 불빛 신호에 얽힌 온갖 신기한 생태들을 미처 연구해 볼 틈도 없이 하나둘 꺼져 가고 있다.

몇 년 전 아파트촌인 분당에 반딧불이들이 나타나 우리를 적지 않게 흥분시킨 일이 있다. 이제는 분당 부녀회가 중심이 되어 반딧불이 보호 운동을 활발히 펼치고 있다니 여간 고마운 일이 아니다. 이웃나라 일본에서는 이미 오래

전부터 반딧불이를 길러 야생에 풀어 주는 주부 동호인 협회들이 많다고 한다. 이제 다시 이 땅의 반딧불이들도 마음껏 사랑의 향연을 벌일 수 있도록 깨끗한 환경을 만들어야 할 것이다. 우리 아이들에게 해맑은 동심의 세계를 열어 줄 수 있을지도 모르겠다는 생각에 희미하게나마 희망의 불을 켠다.

언어는 인간만의 특권인가

정찰벌의 '춤언어'

여름 한 달을 거의 내내 하버드 대학에서 보냈다. 박사 학위를 위해 강산도 변한다는 10년을 꼬박 보낸 곳이라서 그런지 그로부터 또 한 번 강산이 변했을 시간이 흘렀어도 전혀 서먹하지 않았다. 게다가 날씨마저 선선하여 그동안 밀린 글들을 읽는데 정말 천국이 따로 없다 싶었다.

오랜만에 학문의 첨단을 걷는 이들도 여럿 만날 수 있었다. 그중에서도 가장 가슴 벅찼던 순간은 언어학계의 거물 노암 촘스키를 만나러 MIT 대학에 갔던 일이다. 아프리카에서 온 듯 보이는 이들과 기념 촬영을 마친 후, 그는 차분하게 가라앉은 음성으로 나를 맞았다. 구겨진 셔츠와 청바지 차림의 노학자는 나에게 양해를 구한 다음 책들이 금방이라도 쓰러질 듯 포개져 있는 책상 구석에 기대어 늦은 점심을 들기 시작했다. 오후 한 시 반이 훌쩍 지난 시간이었다.

손수 준비한 듯한 점심을 한두 입 베어 문 후 그는 내 연구 주제에 대해 물었고 우리들의 대화는 그렇게 곧바로 학문적인 담론으로 이어졌다. 그리 오래지 않아 우리는 자연스레 언어에 대해 이야기를 나누었다. 인간 말고 다른 동물들도 언어를 사용하는가? 동물들의 언어를 연구하는 일이 과연 인간 언어의 기원과 발달을 이해하는 데 도움이 될 것인가? 여러 가지 물음들이 생겨났다.

집에서 기르는 고양이가 바짓가랑이를 휘감으며 야옹거릴 때면 거의 대부분 배가 고프다는 얘기다. 분명히 우리와 다른 동물이지만 우리에게 자신의 의사를 전달하는 데 성공한 것이다. 그렇다면 고양이가 언어를 사용했다는 뜻인가? 언어를 정의하는 최소한의 기준은 시간과 공간을 초월한 정보를 상징적인 부호를 사용하여 남에게 전달하는 것이다. 단순히 지금 배가 고프다는 것을 알리는 행위는 언어라 할 수 없다. "아까 밖에서 배가 고팠는데 왜 아무것도 주지 않았느냐"는 시간 개념을 가진 의사를 전달할 수 있어야 비로소 언어를 사용했다고 할 수 있다.

벌들은 춤을 상징적인 의사소통 수단으로 사용하며 서로 얘기를 나눈다. 아침나절 꿀을 찾아 나섰던 정찰벌들이 돌아오면 제각기 춤을 추며 동료들에게 꿀 있는 곳을 알려 준다. 그들은 숫자 8을 옆으로 뉘어 놓은 것과 같은 모습의 이른바 '꼬리춤'을 춘다. 몸통을 좌우로 부르르 떨며 짧은 직선 거리를 움직인 다음 반원을 그리며 원점으로 되돌아와선 또 몸통을 흔들며 직진한 후 이번엔 반대 방향으로 반원을 그리며 제자리로 돌아오는 춤이다. 집에서 기다리던 벌들은 이런 정찰벌들을 대여섯 번쯤 따라다닌 후 벌집을 떠나 정찰벌이 얘기해 준 꿀 있는 곳을 정확하게 찾아간다. 이는 바로 꼬리춤 속에, 더 정확히 말하면 꼬리춤에서도 특히 직진춤 부분에 먹이가 있는 방향과 거리에 관한 정보가 들어 있기 때문이다.

먹이가 있는 곳이 멀어질수록 정찰벌들은 점점 천천히 춤을 춘다. 직진춤을 그만큼 더 오래 추기 때문이다. 거리가 멀어짐에 따라 더 많은 에너지가 필요함을 상징적으로 표현하는 것이다. 실제로 정찰벌들은 춤을 추기 전에 먹이가 있는 곳과 집 사이를 몇 번이고 왕복하며 에너지 소모량을 측정한다. 실험적으로 정찰벌의 등에 작은 납덩이를 붙여 놓으면 실제 거리보다 더 멀리 날아가라고 얘기하는 걸 관찰할 수 있는데 이는 그만큼 더 많은 양의 에너지를 소모했기 때문이다.

먹이가 있는 곳까지의 거리를 정확하게 가르쳐 준다 해도 방향을 알려 주지 않으면 별 도움이 되지 않는다. 방향을 모르는 채 한 10킬로미터쯤 날아간 후 먹이를 찾아야 한다고 상상해 보자. 방향에 관한 정보 없이 거리만을 알려 주는 꼬리춤이 얼마나 무의미한지 상상하고도 남으리라. 먹이의 방향에 관한 정보는 직진춤의 각도로 나타낸다. 정찰벌은 먹이의 방향과 해의 방향 간의 각도를 측정하여 동료들에게 알려 준다. 하지만 깜깜한 벌집 안에서는 해가 어디에 있는 지 알 수 없기 때문에 벌들은 오랜 진화의 역사를 통해 습득한 본능으로 해의 방향을 중력의 방향으로 바꿀 줄 안다. 그래서 먹이가 해의 방향에서 왼쪽으로 40도 떨어진 곳에 있으면 그들은 중력의 반대 방향에서 왼쪽으로 40도 각도를 유지하며 직진춤을 춘다.

정찰벌들은 그들의 현재 심리 상태를 표현하고 있는 것이 아니다. 한참 전 저 먼 곳에 있었던 일을 춤이라는 상징적인 표현을 빌려 남에게 얘기하고 있는 것이다. 그래서 꿀벌의 의사 전달 행동을 처음으로 읽어 낸 오스트리아의 동물행동학자 카를 폰 프리슈는 서슴지 않고 이를 '춤언어'라 일컬었다.

촘스키 박사는 나에게 동물들의 언어와 인간의 언어는 근본적으로 다르다고 잘라 말했다. 그의 이론에 따르면 인간의 언어는 기본적으로 스스로에게 말하기 위해 생겨났다. 나는 요사이 까치들이 서로 무슨 말을 하고 사는지 연구하고 있다. 물론 한 까치가 내는 소리에 다른 까치가 어떻게 반응하는지를 보는 게 고작이다. 하지만 나는 종종 까치들이 트림을 하듯 중얼거리는 소리를 듣는다. 마주 지껄이던 까치도 그 소리엔 대꾸하지 않는다. 동물들이라고 독백을 하지 않는다는 증거는 없다.

시간, 그 느림과 빠름의 미학

생물 시계의 정확성

1999년 12월 31일, 우리는 마치 세상이 하루아침에 개벽이라도 할 듯이 법석을 떨었다. 새 밀레니엄의 아침이 밝는 대로 금방 유토피아라도 열릴 듯 호들갑을 떨었다. 매년 한 해의 마지막 날 밤 보신각에 모여 희망의 노래를 부르는 것과는 근본적으로 다른 흥분에 들떠 있었다. 그도 그럴 것이 새로운 세기와 새로운 밀레니엄이 한꺼번에 열리는 순간이 아니었던가.

하지만 진정 무엇이 달라졌는가. 문화의 세기가 온다더니 우리 문화계엔 눈을 씻고 봐도 변한 거라곤 전혀 없고, 환경의 세기가 온다고 경고했건만 아직도 환경을 걱정하는 눈치라곤 보이지도 않는다. 아무리 주위를 둘러보아도 세상은 그리 달라져 보이지 않는다. 1990년대를 흐르던 시간이나 2000년대를 흐르는 시간이나 그리 다르지 않은 것 같다.

1년이라는 단위에는 절대적인 시간이 들어 있다. 봄, 여름, 가을, 겨울이 차례로 지나가고 한 해가 저물면 어김없이 또 봄이 온다. 남반구에서는 가을이 새해와 함께 오겠지만. 그러나 시간을 백 년이라는 단위로 또는 천 년이라는 단위로 묶는 데는 이렇다 할 과학적 근거가 없다. 더구나 어느 해를 기점으로 해서 백 년과 천 년을 세느냐 하는 것도 문제가 된다. 만일 누군가가 예전에 기준점을 잘못 정해 세기 시작했다면 지금 우리는 어쩌면 밀레니엄의 한복판에 서 있을 시도 모를 일이다.

꿀벌들은 춤으로 말을 한다. 이른 아침 꿀을 찾아 이곳저곳을 다니다 돌아온 정찰벌이 추는 춤을 읽으면 꿀 있는 곳을 알게 된다. 그런데 종종 엄청나게 좋은 꿀의 출처를 발견한 정찰벌은 몇 시간 또는 심하면 하루 종일 계속해서 춤을 춘다. 정찰벌은 꿀이 있는 곳의 방향을 태양과의 각도로 나타낸다. 꿀이 있는 곳과 벌통을 몇 번씩 왕복하며 각도를 잰 다음 일단 캄캄한 벌통 안에 들어가면 수직으로 서 있는 벌집에서 태양의 방향을 중력의 방향으로 전환하여 동료들에게 알려 준다.

그런데 이처럼 이른바 마라톤 춤을 추는 정찰벌에게는 한 가지 까다로운 문제가 있다. 캄캄한 벌통 안에 머물며 몇 시간씩 춤을 추는 동안 태양은 그 자리에 가만히 있는 것이 아니라 한 시간에 약 15도씩 움직인다. 벌통에 창문이 있어 태양의 움직임을 관찰할 수 있는 것도 아니다. 만일 정찰벌이 각도를 잴 당시에 있던 태양의 방향을 기점으로 하여 계속 춤을 춘다면 영락없이 엉뚱한 정보를 전달하게 될 것이다. 그러나 정찰벌들은 태양의 위치를 일일이 확인하지 않아도 어두운 벌통 안에서 한 시간에 15도씩 스스로 방향을 조절하며 춤을 춘다.

어떻게 이런 일이 가능한가. 이는 바로 벌들의 몸속에 이미 시계가 들어 있기 때문이다. 이른바 생물 시계라 부르는 행동 조절 메커니즘은 조금이라도 세심하게 조사해 본 동물에서는 다 있는 것을 알 수 있다. 식물도 예외가 아니다. 꼭 우리에게 기상나팔을 불어 주기 위해서가 아니라도 나팔꽃들은 해가 뜨기가 무섭게 꽃잎을 활짝 벌렸다가 오후가 되면 슬슬 여미기 시작한다.

생물 시계가 여느 동식물을 막론하고 대개 24시간을 주기로 맞춰져 있다는 사실과 지구의 자전 속도가 24시간에 한 바퀴라는 점은 결코 우연의 일치가 아닐 것이다. 오랜 진화의 역사를 통해 지구라는 환경에 맞춰 살 수밖에 없는 생물들의 적응 현상이다. 하지만 24시간만이 주기가 되는 것은 아니다.

알려진 생물 시계 중 가장 넉넉하게 맞춰진 것은 아마도 매미의 시계일 것이다. 매미는 여름 한철 고막이 찢어져라 울어 대며 사뭇 신나는 삶을 영위하는 것 같지만 실제로 그들이 자유롭게 날아다니는 시간은 굼벵이 상태로 지하에 웅크리고 있는 시간에 비하면 아무것도 아니다. 그런데 이런 매미들 중에는 포식자들을 피해 소수素數인 13년 또는 17년마다 성충으로 부화하는 종들이 있다. 그들 사회에 수학자들이 있어 소수의 특성을 알고 그에 따라 진화한 것은 아니겠지만 참으로 기발한 시간 적응이 아닐 수 없다.

제비가 그립다

가정적인 아빠 제비, 눈 높은 엄마 제비

제비를 본 지 오래됐다. 어릴 때 시골집 처마 밑에 늘 둥지를 틀었던 그들이기에 해마다 찾아오던 친척이 발을 끊은 것처럼 서운하다. 우리가 뭘 그리 섭섭하게 했기에 이렇게 매정하게 인연을 끊는단 말인가. 불과 십여 년 전만 해도 도심 한복판의 전깃줄에도 자리가 비좁도록 앉아 있던 그들이었건만 이젠 시골 어느 마을 아무개 집에 제비가 둥지를 틀었다는 것이 신문에 날 지경이다.

"제비는 청명淸明에 왔다가 한로寒露에 간다"는 옛말처럼 대개 삼월 삼짇날, 즉 양력으로 4월 초면 벌써 우리 하늘을 가르기 시작하다 10월 초가 되면 강남으로 떠날 채비를 차리는 이른바 철새다. 수컷들이 암컷들보다 며칠 먼저 도착하여 제가끔 자기 터를 마련하기 위해 열심히 노래를 한다. 말이 노래지, 지지배배하는 꼴이 가수들의 랩송과 흡사하다.

휘파람새의 멜로디에 비하면 단조롭기 그지없다.

머릿기름 발라 붙이고 옷 쫙 빼입고 여자들 꽁무니만 따라다니는 남자들을 우린 흔히 '제비족'이라 부른다. 하지만 실제 제비 수컷들은 무척 가정적인 아빠요, 헌신적인 남편이다. 제비 꽁지처럼 뒷단이 길고 갈라진 연미복을 영어로는 'Swallow coat'라 하지만 제비의 꽁지가 길어진 이유는 좀 더 일찍 장가가기 위해서지 바람피우기 위해서가 아니다. 제비는 새들 중에서도 일부일처제를 지키는 모범적인 새다.

연미복의 뒷단이 길면 길수록 제비 암컷들이 좋아한다는 연구 결과가 있다. 유럽 제비의 경우 번식지에 도착하여 그저 일주일 남짓이면 짝을 구한다. 그런데 실험을 위해 꽁지를 짧게 만든 제비들은 거의 2주일이나 걸려 겨우 짝을 구했다. 반면 다른 수컷들에게서 잘라낸 꽁지를 강력 접착제로 붙여 유별나게 긴 꽁지를 갖게 된 수컷들은 불과 사흘 만에 암컷을 맞았다. 남보다 먼저 신방을 차린 제비 수컷은 한여름에 두세 번이나 새끼들을 키워 낼 수 있으니 꽁지의 위력이 참으로 대단하다.

제비 암컷들의 미적 감각에 관한 재미있는 연구가 또 하나 있다. 양쪽 꽁지의 길이가 고른 수컷을 선호한다는 것이다. 실험적으로 한쪽 꽁지가 조금 잘린 수컷들은 암컷들의 눈길조차 끌기 어렵다. 제비를 비롯한 40여 종의 동물에서 한결같이 균형 있는 몸매가 주목을 받는 것으로 나타났다.

인간을 대상으로 한 연구에서도 여성들은 대개 이목구비가 뚜렷하고 균형 잡힌 얼굴을 지닌 남성들에게 성적 매력을 느낀다고 한다. 한때 전 세계 여성들의 마음을 고스란히 사로잡았던 제임스 딘이나 험프리 보가트의 눈썹이 늘 가지런했던 것은 아니지만 대부분의 미남 배우들은 완벽하게 균형 잡힌 얼굴을 지니고 있다.

그런데 우리나라는 어쩌다 제비도 찾지 않는 나라가 되었을까. 새끼들이 한창 먹이 달라고 보챌 때면 제비 부부는 2~3분에 한 번 꼴로 벌레를 잡아들여야 한다. 하루에 줄잡아 오륙백 번을 드나드는 셈이다. 전 세계에서 단위 면적당 일본 다음으로 많은 양의 농약을 쏟아붓는 이 땅에 그만큼 많은 곤충이 남아 있을 리 없으니 이것을 알아차린 제비들이 우릴 포기한 것이다. 행운의 박씨를 받을 자격도 없는 놀부의 나라가 염치도 없지, 뭘 그리 바랄 수 있겠는가.

동물도 서로 가르치고 배운다

새들의 자식 교육

날이 쌀쌀해지고 추워진다 싶으면 어김없이 수능 시험이라
는 회오리바람이 온 나라를 휩쓸고 지나간다. 이웃나라 일
본을 제외하고 아이들 시험에 온 천하가 한꺼번에 들썩거리
는 나라가 세상 천지에 우리 말고 또 있을까. 도대체 시험이
뭐기에 우리는 입시 공부하느라 젊음을 불사르며 그 결과에
이토록 목을 매야 하는 것일까.

나 역시 대학 입시에 한 번 낙방했던 쓰라린 경험이 있
는지라 시험이라면 지긋지긋하다. 그래서 지금도 학생들에
게 시험을 치를 때면 그저 미안할 따름이다. 내가 박사 학
위 자격시험을 통과한 날, 지도 교수가 소감이 어떠냐고 물
었다. 물론 그는 명문 하버드 대학에서 박사 학위를 받게 된
소감이 어떠냐고 물은 것이다. 하지만 내 대답은 의외로 싱
거웠다. 나는 "이제 내 남은 인생 동안 더 이상 시험을 보지

않아도 될 것 같아 뛸 듯이 기쁘다"고 대답했다. 시험을 위해 살았고 시험에 울고 웃었던, 어찌 보면 참으로 어처구니없는 인생의 쳇바퀴로부터 홀연 뛰어내린 기분이었다.

과연 동물 사회에도 교육이란 것이 있을까? 아직 깃털도 제대로 다듬어지지 않은 털복숭이 새끼에게 나는 법을 가르치는 어미새를 떠올려 보면 그들에게도 교육 과정이 있음을 쉽사리 알 수 있다. 먼저 저만치 날아 보이곤 새끼로 하여금 따라 날기를 격려하는 어미새는 영락없는 우리 사회의 선생님 모습인 셈이다.

새끼가 일단 따라다닐 수 있는 능력을 갖추면 어미새는 곧바로 먹이 잡는 법을 가르친다. 보슬비가 내리는 어느 봄날, 앞서거니 뒤서거니 풀밭을 거니는 어미새와 새끼새를 눈여겨보라. 풀잎 사이로 지렁이 굴을 찾아내는 방법을 가르치기 위해 고개를 좌우로 까닥이며 앞서가는 어미새의 뒤를 자기도 열심히 고개를 까닥이며 쫓아가는 새끼새. 어미새가 풀숲에 고개를 박고 지렁이 한 마리를 끌어올리면 새끼새도 어딘가 고개를 처박는다. 처음에는 번번이 허탕이지만 새끼는 그 지루한 작업을 멈추지 않는다. 배워야 산다는 걸 본능적으로 알고 있기 때문이다.

수컷들은 아빠새에게서 노래하는 법도 배워야 한다. 그래야 커서 암컷들을 유혹할 수 있다. 대개 아빠의 노래를 들으며 배우지만 아빠가 없는 경우에는 이웃집 아저씨에게 배우기도 한다. 또 다 커서 새로운 지방으로 이주하면 어느 성공한 수컷의 노래를 흉내내며 그 지방 사투리를 배워 타향생활에 적응해 간다.

요사이 우리 교육은 너무도 심각한 위기에 놓여 있다. 배움 자체를 거부하는 학생들을 어떻게 가르칠 수 있겠는가. 아이들에게 왜 학교가 싫으냐고 물으면 한결같이 "재미가 없다", "평생 써먹지도 못할 걸 가르친다"고 대답한다. 그러니 그런 아이들이 왜 수학이 장래 원만한 결혼 생활을 하는 데 필요한지, 역사가 어떻게 미래를 밝혀 주는지 생각할 수 있겠는가.

"정보는 찾는 것이다"라는 말이 있으나 천만의 말씀이다. 지금은 기존의 정보만으로도 사이버 공간이 넘칠 지경이지만 앞으로는 점점 더 전문적인 정보가 필요하다. 그렇게 되면 계속 새로운 정보를 창출하여 보유하고 있는 정보부국에게 빈국들은 끊임없이 사용료를 지불해야 한다. 예전에는 누구나 쓸 수 있던 정보가 앞으로는 돈에 묶이게 되는 무서운 세상이 다가오고 있다. 정보는 만드는 것이다.

차근차근 기초부터 배우지 않아도 어쩌다 성공만 하면 '신지식인'이라는 위험한 메시지가 우리 아이들로 하여금 책을 멀리하게 만들고 있다. 끼만 있으면 대학에 간다는 유언비어에 모두 춤바람 난 '자유 학생'들로 돌변하고 있다. 배우지 않고서는 결코 신지식인도 구지식인도 될 수 없다. 벤처 기업들이 우수수 무너질 것은 예견된 일이었다. 벤처에 필요한 기술이나 소양을 배우지 않은 이들이 갑자기 모여 앉아 의욕만 앞서다 보니 실패할 수밖에. 배워야 한다. 그리고 가르쳐야 한다.

교육은 어차피 일방적인 것이다. 어미 표범은 새끼들에게 먹이로 잡은 동물을 산 채로 가져다 준다. 새끼들은 그걸 가지고 그동안 관찰해 온 어미 표범의 사냥법을 연습하며 자신들의 사냥 기술을 다듬는다. 훗날 생존에 꼭 필요한 것이기에 그냥 먹여 주지 않고 악착같이 가르친다.

땅도 좁고 자원도 변변치 않은 일본과 우리나라가 세계적인 경제 대국이 될 수 있었던 유일한 힘은 오로지 교육에 있었다. 두 나라에만 유독 입시 지옥이 있는 데는 다 그럴 만한 까닭이 있다. 물론 우리 교육이 지나치게 주입식이며 경쟁적이라 문제가 있는 것은 사실이다. 그러나 그런 문제들은 앞으로 풀어 가야 할 필요악일 뿐 한꺼번에 집어던져야 할 악습은 절대 아니다. 더 늦기 전에 꼭 가르쳐야 할 것은 철저하게 가르치는 부모가 되자. 몇 번이고 둥지에서 떨어지는 새끼를 결코 포기하지 않는 어미새처럼.

함께 사는 세상을 꿈꾼다

개미도 나무를 심는다

씨 뿌리는 환경 파수꾼 개미

새 밀레니엄에 들어서며 우리 인류가 풀어야 할 가장 심각한 과제는 두말할 나위 없이 생물 다양성의 감소를 비롯한 온갖 환경 파괴의 문제들이다. 지난 밀레니엄을 마감하며 세계적인 석학들에게 인류가 당면한 문제 가운데 무엇이 가장 심각한지 물었더니 절대다수가 생물 다양성의 고갈이라고 답했다고 한다. 그 석학들이 모두 생물학자들인 것은 물론 아니었건만 지구의 생명체들이 신음하는 소리가 그들 귀에 가장 절실하게 들렸다는 얘기다.

생물 종들이 절멸하는 것은 새로운 종들이 진화하는 것과 마찬가지로 지극히 자연스런 과정이다. 지구의 생명은 언제나 한쪽에서는 사라지고 다른 쪽에서는 새롭게 피어나며 이어져 왔다. 다만 요사이는 새로운 종이 분화하는 속도보다 절멸해 버리는 속도가 지나치게 빠르기에 문제다.

지구의 역사를 돌이켜 볼 때 대절멸 사건들이 없었던 것은 아니다. 지금으로부터 불과 6천 5백만 년 전 거의 모든 공룡들이 사라져 버린 사건을 비롯하여 적어도 다섯 번의 큰 사건들이 있었다. 또 그런 크고 작은 절멸 사건들을 겪으면서도 지구의 생물 다양성은 지속적으로 증가해 왔다. 그 옛날 비록 하찮은 단세포 생물로 시작했을망정 지구의 생명은 끊임없이 분화를 계속하여 이렇듯 엄청난 다양성을 이룩하게 되었다. 몇 번씩 큰 감소를 겪긴 했어도 현재 그 어느 때보다 다양한 생물들이 지구에 살고 있는 것은 부인할 수 없는 사실이다.

그렇다면 이 무슨 법석인가. 지구가 또 한 번 부르르 떨고 다시 몸을 추스르면 그만일 걸, 뭘 그리 야단인가. 그러나 현재 우리가 지켜보고 있는 이른바 '제6의 대절멸 사건'은 이전의 사건들과 근본적으로 다른 몇 가지 점들이 있다.* 이전과는 달리 이번에는 생태계를 떠받치고 있는 생산자 계층인 식물, 그중에서도 나무들이 사라지고 있다. 또 이전의 대

---

* 제1대~5대의 대절멸 사건에서 각각의 시기와 절멸된 생물들은 다음과 같다.
  ①고생대 오르도비스기 말 : 삼엽충의 절대다수와 당시 생물의 70퍼센트가량
  ②고생대 데본기 말 : 완족류(腕足類)와 산호류
  ③고생대 페름기 말 : 수많은 이끼벌레류와 당시 생물의 96퍼센트 이상
  ④중생대 트라이아스기 말 : 암모나이트를 비롯한 연체동물들
  ⑤중생대 백악기 말 : 공룡들과 많은 연체동물 및 유공충(有孔蟲)

절멸 사건들이 대부분 천재지변에 의해 속수무책으로 벌어진 데 반해 주춧돌부터 흔들려 역대 가장 엄청난 규모가 될지도 모르는 이번 사건은 인간이라는 영장류 한 종의 손에 의해 저질러지고 있다. 그리고 더 끔찍한 일은 이번 사건의 최대 피해자가 다름 아닌 범죄자인 우리 자신이 되리라는 숙명적인 사실이다.

이 땅에서 1950년대와 1960년대를 살아온 이들은 불에 덴 듯 벌건 속살을 드러내고 서 있던 그 흉측한 민둥산들을 기억할 것이다. 이 땅에 경제 개발 제일주의라는 잡목을 심어 우리나라 환경 파괴의 주범이 된 고故 박정희 대통령. 역설적이게도 그는 또 대대적인 식목 사업을 벌여 민둥산에 옷을 입혀준 환경 파수꾼이기도 했다. 덕분에 우리 산들은 겉모습이나마 푸른색을 되찾았다. 다만 생태학적 계획 없이 마구잡이로 해치운 사업이라 때론 생태계의 균형을 깨거나 전체적인 다양성을 감소시킨 아쉬움이 남는다.

인간을 제외하고 자연계에서 나무를 심는 거의 유일한 동물은 바로 개미다. 우리 산야 곳곳에 서식하는 애기똥풀을 비롯하여 전 세계의 많은 식물은 개미들이 일부러 심어 주지 않으면 새로운 지역으로 이주할 수 없는 것들이다. 이런 식물들의 씨에는 특별히 지방질이 풍부한 '개미씨밥Elaiosome'이라는 부분이 따로 붙어 있다. 개미들은 이런 씨들을 집으로 거둬들인 다음 개미씨밥만 떼어 먹고 씨 부분은 다치지 않게 해 집 밖 쓰레기장 주변에 뿌린다. 개미들의 쓰레기장에는 으레 다른 음식 찌꺼기들도 많아 씨들은 그 영양분을 이용하여 빠르게 성장한다.

열대 지방에 가면 개미들의 정원에서만 사는 식물들이 있다. 그들은 숲의 다른 지역에는 분포하지 않고 오로지 특정한 개미들의 텃밭에만 오그랑오그랑 모여 산다. 멕시코의 어느 산림생태학자의 주장에 따르면 울창한 중남미의 열대림이 사실은 자연림이 아니라 그 옛날 마야나 아즈텍 인디언들이 심고 가꾼 산림이다. 우리 인류도 예전에는 개미처럼 나무와 함께 공생할 줄 아는 지혜로운 동물이었을지도 모른다는 얘기다.

내 고향 강릉의 할아버지 댁 뒷산 대밭으로 오르는 길섶에는 매끈하게 뻗어 오른 낙엽송 한 그루가 서 있다. 외지로 공부하러 떠나며 아버지가 심으시고 할아버지께서 정성스레 가꾼 그 나무는 아버지의 성품처럼 높고 곧게 자랐다. 할아버지께서는 생전에 내게 그 나무만은 절대로 베어서는 안된다고 말씀하셨다. 내가 태어난 곳이기도 한 바로 그곳은 이제 강릉 비행장 안으로 들어가 버렸다. 그 낙엽송은 아직 그대로 꼿꼿이 서 있을는지.

우리는 식목일을 전후하여 다분히 행사 위주로 나무를

심는다. 나도 대학 시절 동숭동에서 지금의 관악 캠퍼스로 이전하던 해, 학교에서 단체로 우르르 관악산으로 몰려가 나무를 심은 기억이 난다. 얼마 전 혼자서 그 근처를 뒤지며 그때 내가 심은 나무가 과연 어느 놈일까 생각해 보았다. 수십여 년 전 일이니 누가 베지 않고 두었으면 이젠 제법 굵어졌을 텐데. 금년에도 무언가 기념할 일을 찾아 나무 한 그루를 심어야겠다. 그리곤 나도 내 아들에게 그 나무는 절대 베지 말라고 당부하리라.

1일 구급차 운전 체험

더불어 살아가는 사회를 꿈꾸며

"의사를 하자니 허구한 날 온전치 못한 사람들만 봐야 하고, 법관이 되자니 매일 범법자들만 상대해야 하고, 이거 원 해 먹을 짓이 있어야지." 의약 분업 때문에 의사들의 위신이 좀 추락한 것은 사실이지만 의사와 법관이라면 이 사회에서 내로라하는 직업인데 이 무슨 해괴한 소린가. 아마 누군가가 괜히 못 먹는 감 찔러나 보자고 한 말일 것이다.

나도 고등학교 시절 잠시 아버지의 권유로 의사나 법관이 돼 볼까 생각해 본 적이 있다. 하지만 심장이 약해 소년기 전부를 병원에서 보내다시피 한 동생을 간호하며 지켜본 의사들의 생활은 나에게 결코 매력적이지 못했다. 대학에 들어간 후 무슨 일로 동생의 옛날 주치의 선생님을 찾아간 적이 있었다. 웬지 다른 방으로 옮기셨을 것 같아 안내에 문의했더니 한 간호사가 손수 날 데려다주는데 놀랍게도 같은 방이었다. 방문을 열자 같은 가구며 같은 책상인데 앉아 계신 분만 예전보다 훨씬 늙어 보이실 뿐이었다. 순간 나는 숨이 막히는 줄 알았다. 그저 산으로 들로 쏘다니기 좋아하는 내겐 의사는 어울리는 직업이 아니었다.

기가 막힌 달변으로 어려운 처지에 빠진 이들을 구해주는 영화 속의 변호사를 많이 보아서인지 법학은 그런대로 매력이 있어 보였다. 하지만 평생 남의 인생에 끼어들어 이래라저래라 해야 한다고 생각하니 그리 신이 나질 않았다. 결코 창조적인 일은 아닐 것 같았다. 동물들 사회에는 없는 직업이다.

하지만 요사이 나는 가끔 판사가 되고 싶은 충동을 느낀다. 길 한복판에서 양보는커녕 그 틈을 이용하여 오히려 앞서가려는 차들에 꽉 막혀 애걸복걸하고 있는 구급차를 볼 때 그렇다. 판사가 되어 앞을 비켜 주지 않는 차를 들이받아 버린 구급차 운전기사에게 보란 듯이 무죄 판결을 내리고 싶다. 구급차에 실려 시간을 다투는 귀한 생명을 구하기 위해서라도, 위급한 환자의 살 기회마저 앗아가 버린 몰염치한 이를 단죄하는 것은 차라리 잘한 일이라고 외치고 싶다.

미국에서 운전을 배워서 그런지 나는 길에서 사이렌 소리만 들어도 혼비백산하여 차를 길가에 세우려 한다. 하지만 옆줄의 차들이 비켜 주질 않는다. 행여 새치기라도 당할

세라 앞차의 꽁무니에 더 바짝 붙이고 달린다. 내가 빨리 가고 싶어 그러자는 게 아닌데. 구급차에 실린 저 아까운 생명을 구하자고 하는 일인데.

솔직히 말하면 나는 판사가 되고 싶은 게 아니다. 나 자신이 그런 반사회적인 얌체들을 처단하는 '더티 해리*'가 되고 싶지만 그럴 용기는 없고 해서, 대신 그런 일을 용감하게 해치운 범법자를 보란 듯이 풀어 주고 싶은 것뿐이다. 구급차에 실려 있는 생명이 얼마나 고귀한지 가늠할 순 없어도 최소한 남이야 죽든 말든 상관없다는 얌체들이 적으면 적을수록 이 사회가 더 살기 좋은 곳이 될 거라는 작은 바람뿐이다.

개미 사회에서는 종종 여러 여왕개미들이 협동하여 나라를 세운다. 그런데 건국 작업이 어느 정도 진행되고 나면 그 여러 여왕 중 하나만 살아남아 진정한 군주로 즉위한다. 드물게 여왕들끼리 물고 뜯으며 권좌를 탈취하기도 하지만 대개의 경우 일개미들이 한 여왕만 선택하고 나머지는 모두 숙청해 버린다. 지금껏 연구된 바에 따르면 가장 뚱뚱한 여왕, 그래서 가장 오랫동안 알을 낳아 줄 여왕을 모시는 걸로

• 〈더티 해리〉는 1971년 제작된 영화와 그 이후 만들어진 시리즈를 통칭한다. 일반적으로 현대 미국 사회에서 사회를 어지럽히는 무리들에 대해 개인적인 징벌을 내리는 인물을 지칭할 때 사용한다.

보인다.

그런데 이렇게 함께 협동하며 나라를 건설하는 여왕들은 한결같이 모두 알을 낳아 자식을 기르는 일에 성실하게 동참한다. 남들만 알을 낳고 자식을 기르게 하고 자기는 얌체처럼 놀고먹는 여왕이 많은 군락은 그만큼 일개미를 충분히 길러 내지 못하기 때문에 국가로서 존속하지 못한다. 건국 사업에 참여한 여왕들이 모두 자식을 낳았다는 얘기는 여왕을 간택하는 과정에서 어떤 여왕들은 자기 딸에게 물려 죽는다는 것을 의미한다. 인간적인 기준에서 보면 상상하기조차 어려운 일이다. 아무리 국가의 앞날이 중요하다지만 어떻게 자신의 어머니를 스스로 물어 죽일 수 있단 말인가.

과거 싱가포르의 리콴유 수상이 머리가 좋고 능력이 많은 사람들만 자식을 갖도록 하자는 다분히 우생학적인 법안을 통과시키려다 국민들의 엄청난 반대에 부닥쳐 포기한 적이 있다. 워낙 땅이 좁은 나라 싱가포르의 지도자로서 한 번쯤 생각해 봄직한 발상이었다. 그러나 인간의 존엄성을 사회적 유용 가치로 판단하는 일은 결코 옳지 않다. 인간은 누구나 생존의 권리를 지닌다. 필요한 인간이건 쓸모없는 인간이건 간에.

내가 인간의 존엄성을 무시해서가 아니다. 나도 그쯤은 안다. 그렇지만 안절부절못하는 구급차를 볼 때마다 울화가

치미는 걸 어찌하랴. 언젠가 서울 어느 구청 직원들이 1일 시각 장애 체험 행사를 벌인다는 얘기를 들었다. 1일 구급차 운전 체험 행사도 해 봤으면 좋겠다. 사랑하는 이가 구급차 안에서 죽어 갈 때 그 앞을 가로막는 차를 바라보며 울부짖어야 했던 경험이 있는 이들은 안다. 얼마나 처절한 경험인가. 누구나 한 번쯤 구급차 안에서 세상을 내다볼 필요가 있다.

개미 제국의 왕권 다툼
여왕개미들의 합종연횡

대부분의 개미 제국들은 여왕개미 한 마리의 손에 의해 세워진다. 산들바람이 부는 어느 따사로운 오후, 혼인 비행을 마친 여왕개미는 더 이상 쓸모가 없게 된 날개를 부러뜨리곤 땅속이나 나무속에 굴을 파고 새살림을 차린다. 애지중지 보살핀 알들에서 애벌레들이 깨어나면 여왕개미는 자신의 몸속에 비축해 둔 지방과 더 이상 필요 없게 된 날개 근육을 녹여 자식들을 먹여 키운다.

　세상의 여러 위험으로부터 차단된 아늑한 굴속에서 여왕개미가 갖고 있는 유일한 근심은 몸이 너무 축나 쓰러지기 전에 충분한 숫자의 일개미들을 키워 내는 일이다. 실제로 혼인 비행을 마치고 신흥 국가를 건설하려는 그 많은 여왕개미들 중 대부분은 세상 천하에 나라 이름조차 알리지 못하고 지하에서 스러져 버리고 만다. 자신의 몸속에 있는 영양분이 고갈되기 전에 자식들을 길러 내야 하는 시간과의 싸움에서 지고 만 여왕개미들이 저 땅 밑에는 해마다 어마어마하게 많다.

일개미들이 일단 굴 문을 열고 바깥 세상으로 나가 먹이를 물어들이기 시작하면 개미 제국의 경제는 폐쇄 경제에서 이른바 개방 경제로 바뀌게 된다. 그런데 일개미들은 겁이 많아 그런지 신중해서 그런지 상당한 숫자가 모여야 밖으로 나갈 준비를 한다. 많은 종에서 관찰된 바에 따르면 줄잡아 스무 마리는 돼야 굴 문을 박차고 나간다.

경제 구조가 열린 체제로 변하는 과정에서 가장 문제가 되는 것은 이웃 체제들과의 경쟁이다. 일개미들이 먹이를 찾아 나섰을 때 주변에 경쟁 상대가 될 만한 다른 개미 제국들이 없다면 다행이지만, 많은 경우 같은 때 똑같이 신혼여행을 다녀온 여왕들이 건국한 신흥 국가들이 있게 마련이다.

경쟁이 특별히 심한 몇몇 종의 개미 사회에서는 여러 여왕들이 함께 연합 체제를 구성하여 다른 국가들과 경쟁하기도 한다. 말벌의 사회에서도 종종 이런 일들이 벌어지는데, 그런 경우 동맹을 체결하는 여왕벌들은 대개 피를 나눈 자매들인 데 비해 연합 국가를 형성하는 여왕개미들은 유전적으로 전혀 관련이 없는 남남이다. 그런데도 그들은 제가끔 낳은 알들을 한 곳에 모아 놓고 서로 힘을 합하여 자식들을 키운다.

그들이 이처럼 협동하는 이유는 단 한 가지, 바로 이웃나라보다 하루라도 빨리 막강한 군대를 길러 내기 위함이다. 여왕개미 혼자서 알을 낳기보다 여럿이 함께 낳는다면 알이 더 많아질 것은 너무도 당연한 일이다. 여왕개미 혼자서 일정 기간 동안 다섯 마리의 일개미를 길러 낼 수 있다면 여왕 넷이 모이면 단번에 스무 마리를 키워 낼 수가 있다. 이렇듯 단시일 내에 막강한 병력을 확보한 연합 국가는 미처 군대의 모습도 제대로 갖추지 못한 이웃나라들을 무자비하게 평정해 나간다. 춘추 전국 시대에 살아남는 유일한 길은 적절한 때에 좋은 이웃나라와 동맹을 맺는 일이다.

재미있는 일은 개미 제국도 이웃을 넘볼 만큼 부강해지면 슬슬 여왕개미들 간에 알력이 생기기 시작한다는 것이다. 그동안은 평생 생사고락을 같이할 것 같았던 동료 여왕들이 서로를 바라보는 눈빛부터가 달라진다. 이제 천하를 평정하고 나면 과연 누가 정권을 쥘 것인가 하는 문제가 그들의 눈을 멀게 한다. 거대 국가로 성장한 후에도 줄곧 여러 여왕들이 함께 평화적으로 나라를 다스리는 경우가 없는 것은 아니나, 그런 일은 인간 사회에서도 거의 그 예를 찾기 힘들듯이 개미 사회에서도 극히 드문 일이다.

민주주의를 하는 나라들은 대개 정당 정치를 한다. 대통령 선거를 치르려면 우선 당내에서 대선 주자를 뽑아야 한다. 그런데 이 과정이 너무 치열하여 누가 뽑히든 간에 거의 만신창이가 되고 만다. 같은 정당의 동료이긴 해도 결승전에 나가기 위해서는 무슨 수를 써서라도 이겨야 한다는 제도적 모순이 그들을 비열하게 만든다. 평생을 살며 저지른 온갖 잘못들이 시시콜콜 다 드러난다. 그러다 보면 가끔 치명적인 과거가 드러나 정치 생명이 끊기기도 한다. 그래서 영어권에서는 "장롱 속에 숨겨 둔 뼈다귀들의 사연이 죄다 밝혀진다"라는 표현을 쓴다.

민주주의 종주국이라는 미국에서도 이 과정 중에 상대를 너무 무섭게 몰아친 나머지 승자가 차점자에게 부통령이되어 달라고 요청하기조차 꺼리게 되고, 어렵게 청탁한다해도 거절당하기 일쑤다. 제 43대 미국 대통령 선거에서도 공화당의 부시 후보와 매케인 후보 간의 싸움은 지나칠 정도로 치열했다. 그래서인지 참모들의 간청으로 부시가 억지로 매케인에게 부통령 후보가 되어 달라 했으나 일언지하에 거절당했다고 한다.

우리 정치판에서 벌어지는 동맹과 배신의 드라마는 여왕개미들 간에 벌어지는 것과 별로 다를 바 없어 보인다. 하지만 개미들이 우리와 다른 게 하나 있다. 여왕개미들은 정권을 쥘 수 있다는 확신이 서기까지는 철저하게 협동한다. 유전자가 서로 다른 생면부지의 여왕개미들도 궁극적인 승리를 위해 힘을 합하는데, 정치적인 계보가 다르다는 이유만으로 당내에서부터 서로 헐뜯는 일은 정작 더 중요한 경쟁을 생각하지 못하는 어리석음에 의한 것이다. 거의 1억 년에 가까운 긴 진화의 역사를 통해 수많은 시행착오를 거듭하며 개미들이 터득한 삶의 지혜, 한번쯤 귀 기울여 봄 직하지 않을까.

출산의 기쁨과 아픔

동물 세계의 다양한 출산

'이 땅에서 여배우 하기'에는 반드시 거쳐야 하는 필수 과정이 있다. 누구나 한 번쯤은 애 낳는 연기를 해야 한다. 한다하는 여배우치고 영화 속에서 애 한 번 안 낳고 그냥 유명해진 이가 있을까 싶다. 출산 연기가 왜 그렇게 중요한지 모르지만 실제로 아이를 낳아 본 배우든 아니든 간에 땀에 범벅이 되어 있는 대로 악을 써야 하는 그 끔찍한 연기를 해내야한다. 그걸 기막히게 잘하여 국제 영화제에서 큼직한 상을 거머쥔 배우도 있지 않은가.

하지만 다른 동물들은 그리 어렵지 않게 새끼를 낳는 것같다. 알을 낳는 동물들은 말할 나위도 없지만 새끼를 직접낳는 동물들도 우리가 보기에는 무척 쉽게 낳는 것 같다. 아프리카 초원을 누비는 얼룩말이나 영양들의 어미는 새끼의모습이 꽁무니로 보이는가 싶으면 벌떡 일어나 그냥 쏟아

내는 것 같아 무척이나 쉬워 보인다. 그러나 개나 고양이도 그렇고 소나 말을 키워 본 사람이면 그들이라고 몸 푸는 날이 그렇게 아무 긴장감 없이 지나가는 것은 아니라는 사실을 안다. 새끼를 낳다 목숨을 잃는 명마와 명견의 얘기도 들려오지 않는가.

아무리 그렇다 하더라도 우리 인간만큼 힘들게 새 생명을 탄생시키는 동물이 또 있을까 싶다. TV에서 사극을 보노라면 조선 시대 왕비들은 왜 그렇게 자주 해산 도중 목숨을 잃는지. 왕비들이라고 특별히 몸이 약했을 이유가 없고 주변 환경도 대체로 더 좋았을 것이고 보면 평민의 아낙네들은 또 얼마나 많이 죽어 갔을 것인가.

우리 어머니들이 동물들보다 특별히 어렵게 아이를 낳았다면 그것은 더 큰 아이를 낳기 위해 자궁 속에서 너무 오래 붙들고 있었기 때문이다. 아이가 빠져나오는 출구의 크기는 한정되어 있는데 아이는 더 크게 키우고 싶은 욕심 때문에 발생한 진화적 갈등의 결과다. 인류가 이 지구상에 출현한 이래 현생 인류에 이르기까지 두뇌의 크기는 지속적으로 늘어났다. 그러나 인간의 뇌가 마냥 커지지 못하는 결정적인 이유는 역시 산도産道의 크기 때문이다.

요즘 부쩍 산후조리원 광고가 많이 눈에 띈다. 황토방에 피부 관리사와 체조 강사까지 갖추고 고객을 유혹한다. 출산할 때가 임박하면 조용히 아무도 없는 숲속을 찾는 풍습을 가진 종족이 없는 것은 아니지만 대부분의 문화권에는 조산원들이 있어 출산을 돕는다. 현대 의학의 발달로 많은 산모들이 산부인과를 찾기 전에는 가정을 방문하여 출산을 돕는 조산원들이 많았다. 어머니께서 날 낳으신 곳도 시골 할아버지 댁 안방이었다.

얼마 전 TV에서 수중 분만을 방영하여 많은 이의 감동을 자아낸 일이 있었다. 인간을 비롯한 모든 포유류가 그 옛날 물속에 살던 동물로부터 진화했기 때문에 수중 분만은 지극히 자연스런 것이라는 주장이지만 그건 까마득한 옛 조상 때 일이다. 인간은 그런 수생 동물이 뭍으로 올라온 후 여러 종들을 거쳐 태어난 동물이다. 그런 뭍의 동물에게 갑자기 물로 돌아가라는 것은 조금 억지스런 일이 아닐까 생각한다.

그렇지만 돌고래의 경우는 다르다. 그들은 그들의 조상이 뭍으로 나온 것을 후회하고 다시 물로 돌아간 동물이다. 그래서 그들은 엄연한 포유 동물이지만 새끼도 물속에서 낳는다. 물속에서 주로 살지만 새끼는 바닷가에 올라와 낳는 물개들에 비하면 훨씬 더 물속의 생활에 적응한 셈이다. 돌고래 사회에서는 임신하지 않은 나이 든 암컷들이 해산하는 암컷을 돕는다. 새끼가 완전히 빠져나오면 어미는 주둥이를 사용하여 새끼를 물 위로 밀어 올려 숨 쉴 수 있게 해 주는데 이때 곁에 있던 조산원 고래들이 함께 새끼를 물 위로 들어 올린다.

박쥐는 늘 그렇듯이 거꾸로 매달린 채 새끼를 낳는다. 그런데 중력이 문제다. 새끼가 나오기 시작할 때 벌떡 일어서기만 하면 되는 여느 동물들과 달리 박쥐는 중력의 반대 방향으로 새끼를 밀어 올려야 한다. 가까스로 새끼를 몸 밖으로 밀어내고 나면 이번엔 지구의 중심을 향해 곤두박질을 친다. 어미는 새끼를 낳으며 날개로 감싸려 하지만 생각처럼 쉬운 일이 아니다. 이때 조산원 박쥐들이 있으면 훨씬 쉽게 새끼를 받을 수 있다.

개미 사회에도 조산원들이 있다. 개미와 벌 그리고 흰개미 사회의 여왕들은 대개 몸이 너무 비대해져 가만히 앉아 알을 낳으면 일개미 또는 일벌들이 받아서 아가방으로 옮긴다. 한쪽으로는 계속 먹이고 다른 쪽으로는 알을 뽑아 대는 일개미나 일벌들을 보고 있노라면 산후조리를 돕는 것인지 아니면 알 낳는 기계를 다루는 기술자들인지 모를 지경이다. 또 상당히 많은 종에서 번데기 단계에서 성체로 탈바꿈한 어린 개미들은 혼자 힘으로 껍질을 찢지 못한다. 일개미들이 밖에서 찢어 줘야 비로소 세상 빛을 볼 수 있다.

우리나라 아빠들은 좀처럼 분만실에 들어가지 않는다.

들어가고 싶어도 많은 의사 선생님이 아빠가 얼쩡거리는 걸 꺼린다고 한다. 나는 다행히 미국에서 아이를 낳아 아내가 임신해 있는 동안 함께 숨 쉬는 법도 배우러 다녔고, 그 긴 출산 과정 내내 옆에서 같이 헉헉거리며 더 도울 수 없음에 안타까워하기도 했다. 힘들어 한 아내에겐 미안한 말이지만 내겐 무엇과도 바꿀 수 없는 값진 경험이었다.

뻐꾸기의 시간 감각

남의 둥지에 알 낳는 암체

정시만 되면 조그만 문을 열고 뻐꾹뻐꾹 시간을 알리는 뻐꾸기시계를 갖고 있는 사람들이 많다. 나도 몇 번이고 하나 사 볼까 망설였지만 한밤중에도 뻐꾹거릴 걸 생각하니 끔찍한 생각이 들어 번번이 그만뒀다.

그런데 왜 하필이면 그 많은 새 중에 뻐꾸기일까 생각해 본 적이 있는가. 뻐꾸기의 울음소리가 길게 늘어지는 것이 아니라 비교적 짧게 끊어진다는 특징은 있지만 특별히 매력적인 것도 아닌데 어떻게 시계의 모델로 뽑혔을까. 짧은 울음소리 때문이 아니라면 뻐꾹뻐꾹 하는 소리가 재깍재깍 하는 시계 소리와 박자가 맞기 때문일까.

얼마 전 TV의 자연 다큐멘터리 프로그램에서 뻐꾸기의 생태를 다룬 적이 있어 많은 사람이 알게 된 사실이지만, 뻐꾸기는 스스로 둥지를 틀지 않고 남의 둥지에 알을 낳는 참으로 묘한 새다. 미국의 명배우 잭 니콜슨이 주연을 맡아 오스카상을 수상한 바 있는 〈뻐꾸기 둥지 위로 날아간 새〉라는 영화가 있다. 정신 병원을 배경으로 만든 영화인데 제목부터가 정신병적이다.

미국 사람들은 약간 정신이 오락가락하는 사람을 가리켜 뻐꾸기라 부른다. 아마도 영국에서 건너온 표현일 것이다. 왜냐하면 미국 대륙에서는 뻐꾸기가 할 일을 찌르레기의 일종인 쇠새가 도맡아 하기 때문이다. 쇠새들은 소들을 따라다니며 그 주변에 나는 곤충들을 잡아먹고 사는데 역시 뻐꾸기처럼 자기는 둥지를 틀지 않고 남의 둥지에 알을 낳는다. 미국에서는 목장의 증가와 함께 쇠새들이 워낙 많이 늘어 목장 주변 숲속의 새들이 곤욕을 치르고 있다. 한 집 건너 하나씩 쇠새들에게 당한다.

뻐꾸기의 기이한 생활 방식은 그동안 미국, 영국, 일본 등지의 동물행동학자들에 의해 많은 연구가 이루어지고 있다. 대부분의 경우 뻐꾸기 어미는 자기 자식을 맡길 숙주 새의 알과 비슷한 모양의 알을 낳는다. 의붓어머니가 자기 알과 남의 알을 구별하지 못하도록 진화했으리라는 추측이다. 실제로 같은 종의 뻐꾸기라도 지역에 따라 다른 숙주 새를 이용할 경우 알의 색이나 반점의 형상이 다르다는 연구 결과가 유럽 지역에서는 잘 보고되어 있다.

그런데 이웃나라 일본에서는 최근 뻐꾸기가 숙주 새의 알과 전혀 다른 색의 알을 낳아도 의붓어머니가 상관도 하지 않는다는 관찰 결과가 보고되어 관심을 끈다. 흰 바탕에 검은 반점들이 거뭇거뭇 묻어 있는 모습의 알들 속에 진한 자줏빛 알이 하나 덩그러니 놓여 있는 모습이란 정말 신기하기 짝이 없다. 유럽의 새들은 자기 알과 색깔이나 반점 패턴이 다른 알들을 구별하는데 어찌하여 일본 새들은 그렇게도 눈이 먼 것일까.

유럽의 뻐꾸기와 일본의 뻐꾸기는 전혀 다른 종이다. 따라서 그들이 이용하는 숙주 새들도 두 지역에서 완연히 다르다. 하지만 아무리 그렇다 치더라도 일본의 새들이 알 색깔조차 구별하지 않는 것은 흥미로운 일이다. 아마도 그들의 진화의 역사에서는 구태여 알 색깔의 차이를 인식해야할 필요가 없었나 보다.

뻐꾸기 어미들이 실제로 남의 둥지에 알을 낳는 행동을 관찰해 보면 그들에게 시간이 얼마나 중요한지 짐작하고도 남는다. 숙주 새가 버젓이 둥지에 앉아 있을 때 알을 밀어넣을 수는 없는 일이다. 그래서 뻐꾸기는 숙주 새를 늘 유심히 지켜보고 있다가 잠시 집을 비운 사이에 재빨리 날아들어 알을 하나 낳고 사라진다. 남의 둥지에 들어앉아 마치 심한 변비로 고생하는 사람 꼴이 되어서는 곤란하다.

뻐꾸기의 알은 대체로 숙주 새의 알들보다 먼저 부화한다. 또 뻐꾸기 새끼는 아직 눈도 뜨지 않은 채 본능적으로 숙주 새의 알들을 등으로 떠밀어 둥지 밖으로 떨어뜨린다. 뻐꾸기 새끼의 등 한복판에는 알 하나가 꼭 들어맞을 만큼의 홈이 파여 있다. 그래서 그저 알 밑으로 기어 들어간 후 벌떡 몸을 일으키기만 하면 된다. 배우지 않아도 뻐꾸기 새끼면 누구나 다 할 줄 아는 타고난 재주다.

뻐꾸기 어미의 시간 감각은 여기에 그치지 않는다. 아무리 부화가 빠르다 해도 숙주 새의 알들이 상당히 발육된 상태에서 알을 맡기면 자기 알이 먼저 깨어난다는 보장이 없다. 숙주 새가 언제 알을 낳는지까지 세심하게 관찰해야 한다. 자기 새끼가 적진에서 너무 늦게 출발하는 불상사는 없어야 한다.

뻐꾸기 새끼가 거의 자립할 때가 되면 어미가 찾으러 온다. 인간의 경우에는 남의 집 문 앞에 핏덩이를 놓고 달아난 엄마가 훗날 자기 자식을 반드시 찾는 법이 없지만 뻐꾸기 어미는 시간에 맞춰 자식을 찾는다. 의붓어머니 품에서 큰 자식도 때가 되면 자기 종족을 만나야 번식도 할 수 있기 때문에 궁극적으로는 친어머니를 따라나선다. 뻐꾸기는 자식 키우는 일을 남에게 떠맡기는 얌체들이지만 시간만큼은 철저하게 잘 지키는 '예의 바른' 새들이다.

나는 매미 소리가 좋다

삭막한 도시 속 자연의 소중함

몇 년 전 귀국한 지 얼마 되지 않아 상점들이 빼곡히 늘어서 있는 이대 앞 어느 골목에 들어섰다가 나는 중남미 어느 나라의 길거리에 서 있는 것 같은 착각을 했다. 가게마다 정신없이 빠른 템포의 음악을 귀청이 찢어져라 거리로 토해 내고 있었다. 가게 안에 들어선 고객들에게 음악을 들려주는 것은 몰라도 그냥 거리를 지나치는 행인에게까지 무차별하게 콩나물 세례를 퍼붓다니.

1980년대 내내 나는 열대 우림에서 동물 연구를 하기 위해 중남미에 있는 코스타리카와 파나마를 자주 찾았다. 그곳은 유리창이 제대로 남아 있지 않은 버스에서나 여자 속옷들을 즐비하게 늘어놓은 가게에서나 고막을 뒤흔드는 살사 음악 천지였다. 유학을 떠나기 전 1970년대 한국에서는 물론, 유학중이던 미국에서도 전혀 겪어 보지 못한 진기한 광경이었다.

그런데 그런 라틴 풍물이 1990년대의 내 조국을 흥건히 적시고 있다니. 해마다 여름이면 서울 한복판에 살며 매미 소리가 시끄러워 못 견디겠다는 사람들이 있는 모양이다. 어느 절간이나 한적한 시골에서 갓 상경한 분들인가 보다. 누군가가 소음 측정기로 재 보곤 공사장 소음 수준인 60~70데시벨dB*에 이른다고 호들갑이다. 이 삭막한 도시에 조금이나마 자연이 살아 숨 쉬고 있노라 노래하는 매미 울음소리가 정작 자동차 경적이나 건설 현장의 드릴 소리보다 못하단 말인가.

도시의 소음이 지금처럼 심각하지 않았던 예전에는 매미 소리를 탓하는 이들을 본 적이 없건만 주변이 온통 시끄러운 요사이 왜 갑자기 매미에게 손가락질일까. 매미 울음소리가 예전에 비해 훨씬 크게 들리는 것은 사실이다. 하지만 공해로 인해 매미가 훨씬 시끄러운 종種으로 진화했다느니 주변 소음을 극복하기 위해 더 크게 운다느니 하는 이른바 '학계의 설명'은 전혀 근거가 없다. 종이 그 정도로 변할 만큼 충분한 시간이 주어지지 않았기 때문이다. 그런 정도

---

* 고속도로나 복잡한 도로에서의 소음은 70dB, 귀에 장애를 주는 소음의 정도는 85dB, 대형트럭이 내는 소음은 90dB, 조용한 주택가의 소음은 40dB 정도다.

의 진화가 일어나려면 상당한 시간이 필요하다.

우리 주변에서 늘 소리를 지르고 있는 매미들은 모두 수컷이다. 암컷은 노래를 하지 않는다. 그저 수컷들의 노래를 감상하고 점수를 매길 뿐이다. 매미 수컷들은 예나 지금이나 암컷에게 잘 보이기 위해 있는 힘을 다해 악을 쓰며 살아왔다.

노래방에서는 음정 박자 다 필요 없이 무조건 크게만 부르면 높은 점수가 나온다지만 매미 수컷들은 남과 경쟁하여 이기기 위해서라면 젖 먹던 힘까지 다해 크게 불러야 한다. 그래야 더 먼 곳에 있는 암컷들도 노래를 듣고 찾아올 것이고, 가까이 온 암컷이더라도 함께 불러 대는 그 많은 수컷 중에 나에게 눈길이라도 더 줄 것이기 때문이다. 하지만 필요하다고 해서 갑자기 더 크게 소리를 지르는 것은 생리적으로 불가능한 일이다.

그보다는 다른 이유들을 생각해 볼 수 있다. 우리나라에는 모두 12종의 매미들이 사는 것으로 알려져 있다. 하지만 서울에 오래 산 사람이라면 누구나 예전엔 "맴, 맴, 맴" 하며 음절이 비교적 뚜렷하게 구별되는 울음소리를 내던 참매미 소리가 지금보다 훨씬 흔했던 것을 기억할 것이다. 그러나 근래엔 참매미 소리는 듣기 어렵고 여치 소리 비슷한 울음을 우는 애매미가 서울을 장악했다. 애매미는 참매미보다 한꺼번에 훨씬 더 많은 개체가 태어나기 때문에 더욱 시끄럽다. 요즘 보면 참매미는 비교적 늦여름에나 나타나는 것같다.

또 다른 이유로 매미의 잘못이 아니라 우리 스스로가 저지른 죄를 들 수 있다. 예전에 비해 건물이 엄청나게 늘어 매미의 울음소리가 빌딩과 빌딩 사이로 메아리치며 공명 효과를 일으키는 것인지도 모른다. 사방이 탁 트인 벌판에서 들리는 늑대 울음소리보다 좁은 골목길에서 울려 나오는 옆집 개 짖는 소리가 훨씬 더 크게 들리는 것은 꼭 거리 차이 때문만은 아니다.

매미들은 종종 여러 마리가 동시에 운다. 그래서 더더욱 시끄럽게 들린다. 애매미의 울음은 구별이 잘 가지 않지만 참매미들이 울 때 가만히 귀 기울여 들어 보라. 처음에는 하나둘씩 따로 울기 시작한 녀석들이 이내 정확하게 박자를 맞추며 합창을 한다. 그러다가 어느 순간 갑자기 모두 함께 뚝 그친다. 누군가가 호랑이도 무서워한다는 곶감 얘기라도 한 듯이.

이른 여름부터 우리 주변에서 울어 대기 시작하는 청개구리들도 똑같은 반응을 보인다. 청개구리 사회에서도 목청을 가다듬고 우짖는 것들은 모두 수컷이다. 이들은 한결같이 암컷을 유혹하기 위해 젖 먹던 힘을 다해 소리를 지르는 것이다. 목소리 큰 놈이 이긴다는 거리의 법칙은 사실 이들의 세계에 더 잘 맞는 얘기다. 크게 소리를 지르면 지를수록 암컷의 환심을 살 수 있다. 여럿이 한꺼번에 소리를 지르면 그만큼 더 크고 멀리 소리를 퍼지게 할 수 있다. 그래서 태국의 반딧불이들은 한 나무에 모여 앉아 동시에 불빛을 낸다. 마치 크리스마스 트리의 작은 전등들이 규칙적으로 깜박이는 것처럼.

암컷을 유혹해야 하는 수컷들이 함께 모여 목소리를 합하는 것은 이해가 가지만 왜 갑자기 동시에 울음을 멈추는 것일까? 위험이 닥쳐 갑자기 멈출 수도 있을 것이다. 하지만 자세히 관찰해 보면 꼭 위험 때문에 그런 것은 아닌 것 같다. 나는 수컷들이 갑자기 울기를 멈추는 것 역시 암컷을 유혹하려는 작전이 아닐까 의심해 본다. 모두가 힘을 합해 먼 곳에 흩어져 있는 암컷들을 불러 모으는 것은 좋으나 일단 암컷들이 가까이 왔을 때는 내 노래가 옆 친구의 노래보다 조금 더 튀어야 암컷들의 환심을 살 가망이 있다. 서울 시내 한복판에서 온갖 소음과 경쟁하듯 울어 대는 애매미 수컷들도 어쩌면 암매미가 종종 나타나 주기 때문에 가끔 울음을 멈추는 것인지도 모른다. 그들의 노래를 별로 즐기지 않는 이들에게는 퍽 다행스런 일이리라.

대한민국은 소음 지옥이다. 예전엔 분명히 이렇지 않았

는데. 창문을 열면 옆집 안방에서 무슨 TV 프로그램을 보고 있는지 너무도 뚜렷하게 들리고, 자기 사생활이 모두의 관심사가 돼야 하는 것처럼 온 지하철이 떠나가도록 전화 통화를 한다. 생선 장수는 매일 같은 시간에 지나가건만 허구한 날 똑같은 생선을 가져왔노라고 말 배우는 앵무새처럼 귀가 따갑게 떠들어 댄다. 우리나라가 언제부터 이렇게 시끄러운 나라가 되었는가. 나는 척박한 기계 소리보다 소박한 매미 소리가 훨씬 좋다. 매미야, 내년 여름에 또 보자.

동물 사회의 집단 따돌림

'이유 있는 미움'과 '이유 없는 미움'

일본 직장에서의 이지메에 대한 보도가 있더니만 얼마 전부터인가 우리 아이들 간에 벌어지는 집단 따돌림, 즉 이른바 왕따 현상이 심각한 사회 문제가 되고 있다. 왕따에 시달리는 자식을 다른 학교로 옮기려는 맹모들 덕분에 IMF 난국에도 전셋값이 올랐다고 한다. 그런가 하면 친구들의 정신적인 학대를 못 이겨 스스로 목숨을 끊는 아이들까지 있다.

사회를 구성하고 사는 동물들에게 소속감처럼 중요한 것도 없다. 사자나 하이에나 사회에도 따돌림을 당해 혼자 평원을 헤매다 시름시름 죽어 가는 동물들이 있다. 거대한 몸집 덕에 천하의 누가 그들에게 덤비랴 싶지만 코끼리도 혼자 있으면 사자들의 밥이 된다. 마피아에게는 조직에서의 축출이 곧 죽음을 의미하듯 많은 사회성 동물의 경우에도 따돌림은 끝내 죽음으로 이어진다.

개미 제국의 건국 설화에는 종종 여왕들 간의 동맹 이야기가 등장한다. 춘추 전국 시대를 방불케 하는 수많은 신흥 국가들 사이에서 살아남는 길은 이웃나라보다 먼저 더 강력한 군사력을 확보하는 것뿐이다. 동참하는 여왕개미가 많을수록 더 많은 일개미를 길러 내어 천하를 평정할 수 있다.

그런데 천하가 평정될 만하면 일개미들이 황제의 재목이 아닌 여왕들을 차례로 제거하기 시작한다. 믿기 어렵겠지만 이 과정에서 자기 친어머니를 왕따로 만들어 물어 죽이는 비정한 일개미들도 있다. 인간의 윤리 의식으로는 도저히 이해할 수 없는 일이지만 그들은 오로지 국가의 앞날을 위해 가장 번식력이 강한 여왕을 선택할 따름이다.

돌고래 사회에서는 적령기의 수컷들이 늘 삼삼오오 떼를 지어 돌아다닌다. 은밀한 골목길 하나 없는 망망대해에서 암컷을 얻으려면 수컷 서넛이 앞뒤 좌우에서 함께 몰려다녀야만 하기 때문이다. 그렇게 하루 종일 암컷 꽁무니를 따라다녀 마침내 허락을 받아 내면 패거리 중의 한 수컷이 그 암컷을 취하는 영광을 얻는다. 다음날 또 다른 암컷의 허락을 받아 내면 이번엔 다른 수컷의 차지다.

이렇듯 돌고래 수컷들은 그들 간의 차례를 지키면서 친구들끼리 협동하며 살아간다. 그런데 최근 동물행동학자들의 관찰에 의하면 아무리 같이 다녀도 별 볼 일 없어 보이면 설령 친구라 할지라도 버리고 자주 패거리를 옮겨 다니는 약삭빠른 수컷들이 있다고 한다. 하지만 일단 지조 없는 친구로 낙인찍히면 아무리 차례가 와도 다른 수컷들의 방해로 암컷을 얻지 못할 뿐더러 결국 집단 따돌림을 면치 못한다.

학교 폭력과 따돌림은 사실 어제오늘의 일이 아니다. 대부분 아는 사람들끼리 옹기종기 모여 살던 세상에서 이른바 이방인들의 사회로 변해 가며 혈연이나 지연이 아닌 다분히 인위적이고 돌발적인 인연에 의해 서로를 묶는 데서 이러한 문제는 시작되었는지도 모른다. 우리 인간도 그리 오래시 않은 옛날에는 씨족 또는 부족 중심의 사회를 구성하여 살았다. '우리'와 '적'이 혈연과 지연에 따라 명확하게 구분되는 사회였다. '우리'가 아닌 이들은 가차없이 공격하여 제거해야만 나와 내 친족들의 몸속에 들어 있는 유전자들이 후세에 전달될 수 있었고, 또 그것을 성공적으로 수행한 개체들의 후손들만이 오늘날까지 살아남은 것이다.

하지만 곰곰이 생각해 보면 다분히 진화론적인 이유가 있다. 어느 사회에서나 약자는 나의 사회적 지위를 높여 주지도 못하며 물질적 도움도 주지 못한다는 이유만으로 왠지 멀리하게 되고 사소한 잘못에도 쉽게 미워하게 된다. 인류의 조상 중 강자와 관계를 맺은 사람들이 약자를 친구로 둔 사람들보다 더 많은 자손을 남겼음은 너무도 당연한 일

우리가 도덕적이길 원하면
스스로 얼마나 비도덕적인지를
우선 가늠해야 할 것이다.
이는 우리를 증오로부터 구원해
사랑의 길로 인도하리라.

이다. 그래서 우리는 지금도 나에게 도움을 줄 수 있는 이의 실수나 비행에는 역겨우리만치 관대하지만 그렇지 못한 자에게는 지극히 냉담하고 가혹한 것이다.

인간은 스스로를 도덕적 동물이라고 생각한다. 하지만 개미와 돌고래 사회의 따돌림이 다분히 '이유 있는 미움'인 데 비해 우리 사회의 왕따는 언뜻 '이유 없는 미움'에서 비롯되는 것처럼 보인다. 그래서 우리 아이들의 이유 없는 집단 따돌림을 옳지 않다고 꾸짖는다. 그러나 우리의 옳고 그름에 대한 기준, 즉 이른바 도덕성도 진화의 산물이다. 도덕적으로 옳다고 느끼는 감정은 스스로에게 유리하게끔 자연 선택된 것이기에 필연적으로 자기 중심적일 수밖에 없다. 우리는 늘 옳고 적은 언제나 그르다. 내가 차를 빨리 몰면 운전 실력이 좋아서지만 남이 빨리 몰면 경솔한 짓이다. 내가 응원하는 선수의 묘기는 신기에 가깝고 상대편의 선수는 늘 못났고 밉다.

우리 아이들 역시 지금 철저하게 자기 중심적인 기준에 따라 왕따를 만들고 있다. 누가 언제 무슨 이유로 왕따가 될지 아무도 모른다. 그저 힘 있는 자들이 힘 없는 누군가를 짓밟을 뿐이다. 내가 희생물로 선택되지 않았다는 안도감과 누군가가 확실하게 왕따를 당하기 시작해야 내가 당하지 않으리라는 비겁함에 쉽사리 집단 행동으로 변한다.

우리 인간이 혈연의 울타리를 넘어 이른바 국가라는 사회를 만들고 살게 된 것은 불과 수천 년 전의 일이다. 진화학적으로 볼 때 거의 순간에 지나지 않는 과거다. 그런 의미에서 우린 아직도 작은 가족 단위로 수렵 채집 생활을 하도록 진화된 석기 시대 사람들이다. 다만 타임머신을 타고 어느 날 갑자기 도시 문명 사회에 던져진 것뿐이다. 우리는 아직도 적으로부터 '우리'를 보호하려 한다. 다만 누가 '우리'인지 분명하지 않을 뿐이다.

하지만 우리는 능히 도덕적일 수 있는 동물이다. 인간의 역사를 돌이켜 보면 도덕적인 사람들이 그렇지 못한 사람들보다 사회적으로 더 큰 신임을 얻게 되고 또 그래서 궁극적으로는 번식에도 더 성공적이었을 가능성이 크다. 개인의 사회적 평판은 직접적인 기능을 지닌 특성이다.

결국, 인간은 자신을 들여다볼 줄도 알고 또 반성도 할 줄 아는 유일한 동물이다. 따라서 충분히 도덕적인 동물이 될 수 있는 자질을 가지고 있다. 다만 우리가 도덕적이길 원하면 우선 스스로 얼마나 철저하게 비도덕적인지를 분석해야 한다. 동물 사회의 왕따와 인간 사회의 왕따에 대한 행동진화학적 비교 분석은 우리를 증오로부터 구원하여 사랑의 길로 인도하는 첫걸음이 될 것이다.

인간의 성 풍속도가 바뀌고 있다

정자 매매와 체외 수정

식물은 직섭 자기 몸을 움식여 특별히 마음에 느는 다른 식물의 꽃을 찾아가 꽃가루를 전달할 수 없다. 그래서 그들은 곤충이나 새, 심지어는 박쥐의 도움을 얻어 수정을 한다. 자기 대신 좋은 여인을 만나 사랑을 나누라고 꿀까지 바쳐 가며 청부업자의 몸 여기저기에 꽃가루를 실어 보낸다. 좋은 청부업자를 만나기 위해 식물은 자신의 생식기인 꽃을 아름다운 색깔과 자태로 장식하여 만천하에 드러내 놓고 있다.

동물들 중에도 수컷이 구태여 암컷의 몸속으로 정자를 넣어 주지 않아도 수정이 되는 것들이 있다. 개구리와 두꺼비 같은 양서류가 그렇고, 거의 대부분의 물고기들이 그렇다. 이른바 체외 수정을 하는 동물들이다.

어려서 시골에서 개구리들이 교접하는 모습을 본 적이 있는 이들 중에는 그렇지 않다고 우길 분이 있을지 모르지만 그들은 실제로 성관계를 갖는 것이 아니다. 수컷의 자극에 충분히 흥분된 암컷이 물속으로 알을 흘려보내면 그 위로 곧바로 수컷이 정자를 뿌린다. 만일 주변에 다른 수컷들이 있어 같이 정자를 뿌려 대면 서로 다른 수컷들의 정자들 간에 알을 향한 치열한 경주가 벌어지기도 한다.

도롱뇽은 아주 점잖게 간접 섹스를 한다. 암수가 만나 서로 마음에 들면 수컷이 몇 발짝 앞서가고 그 뒤를 암컷이 다소곳이 따른다. 그러다 수컷이 자기 정자가 든 주머니를 땅 위에 슬며시 내려놓는다. 뒤를 따르던 암컷의 몸이 그 위를 스치듯 지나가다 조용히 생식기를 열어 정자 주머니를 빨아들인다. 그들의 교미는 이렇게 아무 일도 없는 듯 잔잔하게 벌어진다.

체외 수정을 하는 대부분의 동물들에게는 한 가지 공통점이 있다. 대체로 한꺼번에 많은 수의 자식을 낳는다. 그리고 대부분 자식을 돌보지 않는다. 그저 엄청나게 많이 낳아 그중 일부가 살아남으면 그걸로 족하다는 계산이다.

체외 수정을 하는 동물들 중에도 자식을 돌보는 경우가 간혹 관찰되는데 흥미롭게도 아빠들이 자주 그 일을 맡는다. 중남미 열대에 살며 매우 화려한 색을 띠는 독침개구리들 중에도 아빠가 자식을 등에 업고 다니면서 다 자랄 때까지 보호하는 종들이 있다. 물고기의 경우에도 대부분이 알만 낳고는 서로 등을 돌린 채 남의 알 집어 먹기에 바쁘지만 때론 자기 자식을 보호하는 종들이 있다. 그런 경우 모성애보다는 단연 부성애가 훨씬 더 애틋하다.

인간은 체내 수정을 하는 전형적인 동물이지만 최초의 시험관 아기가 탄생한 1978년을 시작으로 많은 불임 부부가 체외 수정으로 귀한 생명을 얻었다. 시험관 내에서 남편의 정자와 아내의 난자를 수정시킨 후 자궁벽에 착상을 유도한다. 불임의 이유로 가장 흔한 것 중의 하나가 무슨 까닭인지 수정란이 자궁벽 내에 잘 착상되지 않는 것이다. 그런 경우를 대비하여 인공 수정의 경우에는 수정란을 여럿 착상시키는데 그러다 보니 종종 여러 쌍둥이가 태어나기도 한다. 지난 몇 년간 세계적으로 기록적인 숫자의 쌍둥이를 낳은 예들은 거의 모두 인공 수정을 한 경우들이다.

한편으로는 생명과학의 발달을 이용하여 성관계는 물론 결혼도 생략하는 사례가 늘고 있다. 근래 서양에서는 몇몇 인기 연예인들이 직접적인 성관계를 갖지 않고 정자만 제공해 줄 남자를 찾는 일들이 늘고 있다. 귀찮고 복잡한 결혼은 하기 싫고 정자만 받아 아이를 만든 후 혼자 키우겠다는 것이다. 정자만 사고파는 게 아니라 난자도 판매 대상이다. 미국에는 이미 명문 대학들의 게시판에 난자 구매 광고가 붙었다고 한다. 곧 인터넷을 통해 미녀 모델들의 난자 판매가 시작될 것이라는 보도도 있다. 국제 정자 매매 시장도 최근 급속도로 성장하여 2000년에 이미 그 규모가 1천억을 넘었다고 한다.

이것은 인간도 바야흐로 체외 수정을 할 수 있는 동물이 되어 간다는 얘기다. 물론 모든 사람이 다 그런 방법을 택하는 것은 아니겠지만 성관계가 반드시 아이를 갖기 위한 전제 조건일 필요가 없어질지도 모른다. 언젠가 성행위는 그저 남녀 간의 쾌락을 위한 놀이일 뿐 번식과는 별 상관이 없는 것으로 변할지도 모른다.

수정을 위해 반드시 성행위가 이뤄져야 한다는 법칙은 없다. 빈대의 수컷은 주사 바늘처럼 길고 가는 생식기를 지니고 있는데 그것으로 정상적인 성행위를 하는 대신 아예 암컷의 배를 찔러 곧바로 난자에 자신의 정자를 주입한다. 성관계는 생략하고 곧바로 직접적인 번식의 과정에 돌입할 뿐이다.

흙이나 낙엽 속에 사는 작은 동물들 중에는 벼룩처럼 톡톡 튀는 톡토기라는 곤충이 있다. 그들 중 몇몇 종에서는 수컷들이 정자를 주머니에 넣은 후 숲속 여기저기 긴 대롱들을 세우고 그 위에 얹어 놓곤 사라진다. 얼마 후 암컷들이 나타나 정자 주머니들을 수확하면 그걸로 톡토기의 성관계는 끝이 난다.

인터넷에 멋진 신상 명세서를 올려놓고 마음에 드는 정자와 난자를 사고파는 시대가 오면 우린 톡토기와 크게 다를 게 없어질 것 같다. 그래도 여자의 경우에는 자기 자식이 누구인지 알지만 어디론가 정자를 떠나보낸 남자는 자식의 얼굴 한번 볼 기회도 없을지 모른다. 내 정자를 누가 사 갔는지 일일이 추적할 수 있는지도 의문이지만 만일 그럴 수 있다 하더라도 지구 반대편에서 내 아이를 키우고 있는 어느 여인의 삶을 늘 지켜볼 수도 없다. 난 그런 세상에서 자식을 키우지 않아도 되는 걸 다행스럽게 생각한다.

남의 자식을 훔치는 동물들

노동력을 확보하려는 개미들의 전쟁

만삭이 된 이웃 마을 여인을 납치하여 살해한 뒤 자궁 속에 있던 아이를 꺼내 마치 자기 자식인 양 기르려던 여인의 애기로 미국이 온통 발칵 뒤집힌 적이 있었다. 아기를 가질 수 없었던 이 여인은 이웃 마을 여인과 비슷한 때에 임신이 된 것처럼 위장을 했는가 하면 아기를 훔친 직후 친구들을 불러 출산을 자축하는 잔치를 벌이는 등 상당히 치밀한 계획 하에 범행을 저질렀다고 한다.

내가 미국에 살던 때에도 비슷한 사건이 있었다. 그 여인도 주변 사람들이 자기가 임신한 것으로 알도록 용의주도하게 자신의 생활을 연출했다. 하지만 산모를 죽이기까지 하면서 아기를 훔치진 않았다. 아이를 가진 여인의 일거수일투족을 관찰하고 있다가 아기가 태어나자마자 때를 놓치지 않고 들고 갔을 뿐이다.

물고기들의 경우, 어미는 알만 낳고 달아나 버리기 일쑤고 남은 알들 위에 정액을 뿌리던 아빠가 홀로 자식을 기르는 경우가 허다하다. 그런 아빠들 중에는 또 남이 이미 기르고 있는 자식들을 가로채려는 이들이 있다. 물속 바위 밑에 다닥다닥 붙어 있는 알 무리를 지키는 다른 수컷을 무력으로 몰아내고 대신 그 집안에 들어앉는 것이다.

자식 양육은 당연히 여자들의 몫이라며 주말에도 골프다 모임이다 밖으로만 도는 우리 사회의 아빠들로서는 도저히 이해가 가지 않는 행동이리라. 하지만 이들 물고기 사회에서는 암컷들이 자식을 잘 돌보는 수컷을 선호하기 때문에 수컷들이 너도나도 앞을 다퉈 자신들의 '부성애 실력'을 과시하려 든다. 진짜 자기 자식들을 잘 기르려면 우선 남의 자식들을 길러 내야 한다.

인간의 경우 재혼일 때는 사뭇 물고기들의 경우와 비슷한 것 같다. 결혼하고 싶은 여인의 자식들과 잘 지내는 모습을 애써 보이고 싶어 하는 것이 한 예다. 요즘 우리 사회에는 이른바 '마담뚜'가 기업화되어 회사가 된 경우가 한둘이 아니다. 예전에는 친척이나 동료 중의 누군가가 아는 사람을 소개하는 것이 고작이었다. 그러다가 특별히 오지랖 넓은 마당발 아줌마들이 거의 전문적으로 중매쟁이 역할을 대행하더니 이제는 아예 컴퓨터까지 동원하여 남녀를 맺어 주고 있다. 얼마 전에 한 결혼 정보 회사가 공개한 자료에 따르면 재혼하려는 사람들의 가장 큰 관심사는 뭐니 뭐니 해도 새 배우자가 자기 자식에게 얼마나 잘할 것인가 하는 문제였다.

개미 사회에서는 남의 군락으로 쳐들어가 그 집의 아이들을 업어 오는 종들이 심심찮게 있다. 평소 주변의 사물들을 주의 깊게 관찰하는 사람이라면 아파트 인도 위로 새까맣게 개미들이 몰려나와 버글거리는 것을 본 적이 있을 것이다. 자세히 들여다보면 개미들의 전쟁터임을 쉽게 알 수 있다. 서로 마주보며 호시탐탐 목이나 허리를 공격할 기회를 노린다. 때론 허리 밑이 잘려 나간 채 계속 투혼을 발휘하는 개미들도 볼 수 있다. 어떤 개미는 더듬이에 적의 머리가 매달려 있는 상태로 전투를 한다.

자연계에서 이처럼 대규모의 전쟁을 일으킬 줄 아는 동물은 인간과 개미 그리고 꿀벌뿐이다. 공교롭게도 이들은 모두 고도로 조직화된 사회를 구성하고 사는 동물들이다. 모여 사는 이점이 큰 것은 사실이나 때론 전쟁과 같은 어처구니없는 아픔을 겪어야 한다. 인간은 참 별난 이유로 전쟁을 한다. 물이나 소금을 차지하려 전쟁을 일으키기도 하지만 단순히 종교와 이념이 다르다는 것만으로도 상대의 씨를 말리려 한다.

반면 개미들은 오로지 경제적인 이유로 전쟁을 일으킨다. 좀 더 구체적으로 말하면 남의 집 자식들을 훔치기 위해서다. 개미들이 우리 인간처럼 자식을 낳지 못해 남의 자식이라도 길러 보려 하는 것은 아니다. 모자라는 노동력을 충당하기 위해 남의 나라로부터 노예를 잡아들이려고 전쟁을 일으키는 것이다. 그리 머지 않은 옛날, 미국 사람들이 아프리카에서 흑인들을 생포하여 노예로 만들던 것과 크게 다를 바 없다. 1980년대 초반 미국에서 TV 드라마로 만들어서 엄청난 반향을 일으켰던 소설 『뿌리』에 묘사된 흑인 포획 장면은 한마디로 충격이었다.

나는 어렸을 때 서부 영화를 무척 좋아했다. 날렵한 말을 타고 광활한 들판을 달리는 주인공의 모습에 매료된 것이었지만 야생마를 잡아 길들이는 장면 또한 상당히 매력적이었다. 하지만 『뿌리』에서 백인들이 쿤타 킨테와 그의 동료들을 잡아들이는 장면을 본 이후로는 야생마를 길들이는 장면이 있는 서부 영화는 절대로 보지 않는다.

개미들이 적국의 아이들을 노예로 만드는 과정은 인간보다 훨씬 더 철저하다. 납치해 온 애벌레와 번데기들이 성충으로 탈바꿈할 때 노예잡이 개미들은 자기 여왕이 분비하는 여왕 물질로 노예 아기들을 목욕시킨다. '화학적 세뇌'를 시키는 것이다. 아주 어린 나이에 그렇게 세뇌를 당한 노예

개미들은 적의 여왕을 자기들의 여왕인 줄로 착각한 채 평생 죽도록 충성을 다한다.

개미 사회에도 거울이 있어 거울 속에 비친 개체가 자신임을 인식할 수 있는 능력이 있다면 왜 나는 색깔도 다르고 모습도 다르게 태어났을까 하는 회의에 빠질 수 있으련만. 왜 달리 생긴 우리만 죽도록 일을 하고 저들은 놀고먹는 것일까 하며 사회 정의를 들먹일 수 있으련만. 개미들의 인식 세계는 기본적으로 냄새로 이뤄져 있기 때문에 다분히 시각적이고 청각적인 우리로서는 이해하기 어려운 일들이 그들 사회에서는 버젓이 벌어진다.

이처럼 다른 동물들은 뭔가 뚜렷한 이득을 위해 남의 자식들을 훔친다. 인간의 경우에도 어떤 숨겨진 이득이 있는 것일까? 인생의 황혼기에 자식의 보호를 받아야 하기 때문일까? 아니면 남들은 다 하는 일을 왜 나는 못한단 말인가 하는 사회적 소외감에서 저지르는 범행인가? 꼭 내 자식이 아니더라도 친척의 아이들이나 이웃의 아이들을 함께 기를 수도 있으련만, 자신의 유전자를 가진 것도 아닌 아이를 기어코 자신의 품 안에서 길러 보려는 빗나간 모정은 도대체 어디에서 오는 것일까? 입양을 기다리는 아이들이 세상에 흩어져 있건만 꼭 내가 낳은 것처럼 온 세상을 기만해야 할 까닭은 무엇이란 말인가?

우리 몸에도 시계가 있다

24시간에 맞춰진 생활 시계

비행기를 타고 미국이나 유럽으로 여행해 본 사람이면 누구나 마음은 그렇지 않은데 몸이 말을 들어주지 않는 경험을 했을 것이다. 업무도 봐야 하고 관광도 해야 하건만 몸은 두고 온 고향의 시간을 끝내 고집한다. 사람에 따라 적응하는 데 걸리는 시간이 다 다르지만 누구나 자기의 생물 시계가 현지 환경 요인들과 호흡을 맞추는 데 어느 정도의 시간이 필요하다. 요즘 많은 생물학자는 알약 하나만 먹으면 금방 현지 시각에 적응할 수 있는 방법을 연구하고 있다. 성공하면 개인 전용 제트기를 타게 될 것이라며 밤잠을 설치고 시간을 뺏기며 말이다.

우리들 중에는 특별히 잠이 많은 듯 보이는 사람들이 있다. 그런 몇몇 사람들을 빼고는 우리 대부분은 아침이 되면 대개 비슷한 시간에 저절로 눈을 뜨게 마련이다. 환경 요인과 상관없이 인간의 생물 시계가 우리의 일과를 챙겨 줄 수 있는지에 대한 연구가 오랫동안 진행되어 왔다.

지하 깊숙한 곳에 벙커를 만들어 놓고 누군가를 그 속에서 생활하게 하며 생활 리듬을 관찰하는 연구다. 그 지하 벙커에는 시계는 물론 시간을 알려 줄 수 있는 모든 가능성이 차단되어 있다. 그런데 놀랍게도 인간이 비교적 규칙적으로 하루하루를 보낸다는 결과가 나왔다. 또 실험에 응한 상당수의 사람들이 24시간이 아닌 25시간의 주기를 보였다. 더 신기한 일은 우리들 중 몇몇은 거의 48시간 주기의 생물 시계를 갖고 있다고 한다. 어쩌면 그들은 지구보다 두 배 정도 느리게 도는 행성에 태어났어야 하는데 번지수를 잘못 찾았는지도 모른다.

지구가 자전하는 속도가 언제나 24시간에 한 바퀴였으리라는 보장도 없다. 그 옛날에는 어쩌면 지구가 25시간에 한 번 또는 그보다도 더 천천히 회전했는지도 모를 일이다. 어느 학설에 의하면 아주 오랜 옛날 지구는 지금보다 오히려 훨씬 더 빠른 속도로 자전했는데 어느 날 우연히 달과 부딪쳐 지금의 속도로 돌게 되었다. 달이 지구와 부딪치지 않았더라면 과연 지구에 생명이 탄생할 수 있었을까. 만일 탄생했더라도 지금과 같은 생명체들로 진화할 수 있었을까.

사랑하는 연인과 함께 있는 시간은 너무도 빨리 흘러 할 수만 있다면 끈으로 묶어 붙들어 두고 싶지만 듣기 싫은 강의 시간은 왜 그리도 천천히 흐르는지. 시간을 절약해 주는 온갖 문명의 이기들이 속속 개발되어 우리네 삶을 편리하게 만들어 주고 있건만 왜 우리는 날이 가면 갈수록 더욱 바쁜 삶을 살아야 하는 것일까.

에디슨을 탓하랴마는 그가 전구를 발명한 이래 우리의 잠은 예전과 같지 않다. 동굴에 살던 시절 우리 인류는 해가 지면 대충 잠자리에 들어야 했다. 하루에 적어도 여덟 시간은 자야 건강에도 좋고 제대로 된 생활을 할 수 있다. 잠은 일생의 3분의 1을 허비하는 것이 아니라 나머지 3분의 2를 위한 준비라고 생각해야 할 것이다.

게으름은 아름답다
왕개미는 하루 서너 시간 일한다

서양 사람들은 부지런한 동물로 비버와 개미를 든다. 비버 Beaver라는 단어는 명사로도 쓰이지만 때론 동사로도 쓰인다. 동사로 쓰일 때는 '부지런히 일하다'라는 뜻을 지닌다. 비버의 근면함은 그 이름에 이미 담겨 있다. 북미 대륙에 사는 비버는 튼튼한 이로 상당히 굵은 나무들을 베어다 둑을 만들어 강물을 막는다. 그들이 벌이는 토목 사업은 그 규모로 보나 기술로 보나 인간을 뺨칠 수준이다. 그러나 그렇게 부지런해 보이는 비버도 사실 하루에 다섯 시간 이상 일하지 않는다.

'개미와 베짱이' 우화를 예로 들지 않더라도 개미의 부지런함은 동서고금을 막론하고 유명하다. '개미가 작아도 탑을 쌓는다'는 우리 속담이 있는가 하면, 잠언 6장 6절에는 "게으른 자여, 개미에게로 가서 그 하는 것을 보고 지혜를 얻으라"는 솔로몬 왕의 가르침이 있다. 언젠가 외국 친구를 데리고 남산 타워에 올라간 적이 있는데 그곳에서 망원경으로 서울 시내를 한참이나 내려다보더니 "한국 사람들은 옷 입은 개미들 같다"고 했다.

개미는 군락 전체로 보면 늘 바삐 움직이는 것 같지만 일개미들을 따로 놓고 보면 쉬는 시간이 더 많다. 실제로 한 군락에서 한순간이라도 일을 하고 있는 일개미들은 대개 전체의 4분의 1에 지나지 않는다. 나도 실험실에서 일본왕개미를 기르며 그들의 노동 활동을 관찰해 보았는데 평균적으로 전체의 18~27퍼센트밖에 일하지 않는다. 그들의 노동 시간을 전체 개체수로 나누면 하루에 겨우 서너 시간도 일하지 않는 꼴이 될 것이다.

프랑스 사람들은 일주일에 서른다섯 시간밖에 일하지 않는다. 그에 비하면 OECD 국가 중 우리나라의 노동 시간은 가장 길어 단연 일등을 차지한다. 요즘 우리 정부도 주 5일 근무제를 채택하기로 결정하고 구체적인 방안들을 검토하고 있으니 우리도 곧 숨 쉴 겨를이 좀 생길지도 모른다는 기대를 해 본다. 그렇지만 다른 동물들과 비교해 볼 때 프랑스인들마저도 일주일에 5일을 근무한다고 보면 직장에서만 하루 평균 일곱 시간을 일하는 셈이다. 인간보다 더 열심히 일하는 동물은 거의 없는 듯싶다.

얼마 전 동료 교수 두 명이 박봉과 잡무로 연구에 전념할 수 없다며 서울대를 떠났다. 걸핏하면 '공부 안 하는 대학 교수'라는 제목으로 기자들의 밥이 되는 주제에 어쭙잖은 얘기인지 모르지만 우리나라 교수들에게는 빈둥거릴 시간이 너무 없다. 빈둥거리며 사색할 시간은커녕 숙제만 하기에도 하루해가 모자란다. 강의와 학생 지도만으로도 빠듯한 하루 일과 중 어렵게 시간을 내 일 좀 하려 연구실에 앉으면 이내 전화 교환원이 된 느낌이다. 그래서 나는 종종 전화선을 뽑아 버린다. 이건 노동이지 연구가 아니다.

대학 교수를 비롯하여 모든 창조적인 일에 종사하는 이들에게 빈둥거릴 수 있는 시간을 찾아 주지 않는 한 결코 선진국을 따라잡을 수 없다. 우리가 남보다 일을 덜 해서 IMF를 맞은 것은 절대로 아니지 않은가. 몸은 몸대로 부서질 듯 열심히 일했지만 정책의 부재로 우왕좌왕하다 거꾸러진 것이다. IMF의 굴레를 벗어나기 위해 발버둥치는 우리의 모습은 또 어떤가. 늦었다고 전보다 더 정신없이 앞만 보며 뛰고 있지 않은가. 곧 또 넘어져 무릎을 깰 것이 불을 보듯 뻔하다.

우리 시대의 대표적인 과학자 김용준 교수님은 생전에 자주 "교수를 놀게 해야 학문이 발전한다"고 역설했다. 개미 군락에서 놀고먹는 듯이 보이는 4분의 3의 개미들은 사실

노는 것이 아니다. 그들은 미래에 벌어질 수 있는 일들에 대비하여 힘을 비축하고 기다리는 개체들이다. 개미들은 진화의 역사를 통해 사회의 구성원 모두가 늘 쉬지 않고 일해야 하는 체제 속에서는 갑자기 예기치 못한 변을 당했을 때 효과적으로 대처할 수 없다는 걸 깨달은 것이다. 그들 정부의 위기 대처 능력은 우리에 비할 바가 아니다.

창조적인 일에 종사하는 이들은 바로 미래를 준비하는 사람들이다. 그들에게 '반성적 게으름'을 즐기며 '무용한 지식'을 창출할 수 있도록 해 줘야 우리의 미래가 밝아질 것이다. 언제부터인가 인문학의 위기가 엄습하더니 이젠 기초학문이 그 기초부터 흔들리고 있다. 서울대를 비롯한 전국의 대학에 석사와 박사 과정 지망생이 현저하게 줄고 있다. 밤낮없이 창조적인 부담감에 시달리면서도 손에 쥐는 것은 쥐꼬리만큼인 학자의 길이 버거울 따름이다.

나에게는 중학교 시절부터 함께한 친구들이 있다. 서로 바쁘다 보니 자주 만나지는 못하지만 어쩌다 모여 앉으면 늘 즐겁다. 유치하기 이를 데 없는 우스갯소리에 금방 중학교 시절로 돌아간다. 한참 웃다 보면 어느새 이슥해지고 우리들의 대화는 자연스레 사는 얘기로 넘어간다. 그 누구도 쉽게 사는 것 같지는 않다. 그래도 친구들은 나에게 "네가 제일 맘 편한 놈이야. 돈은 없어도 하루해가 다 네 시간이 아니냐"며 몰아세운다. 그리곤 나에게는 한 번도 술값 낼 기회조차 주지 않는다.

그렇다, 교수란 직업은 그래서 좋다. 매 순간 내가 좋아하는 일을 하며 밥 벌어먹고 사니 더 무엇을 바라랴. 하지만 요사이 곰곰이 생각해 보니 마냥 좋은 것만은 아니란 생각이 든다. 회사에 다니는 친구들은 일단 퇴근만 하면 하던 일다 잊고 쉴 수 있을 것 같다. 나는 하루 종일 학교에서 잡무에 시달리다 집에 돌아와서는 밤늦도록 숙제를 한다. 비교적 자유롭게 시간을 쓰기는 하나 일에서 떠나질 못한다. 하루에 단 몇 시간만이라도 게으름을 피울 수 있으면 좋겠다. 그래야 학문이 발전하고, 어쭙잖은 얘기일지 모르지만 나라도 강해질 터인데.

죽음이 두려운가

효과적인 번식을 위한 노화

세계에서 제일 연세가 많았던 에바 모리스라는 이름의 영국 할머니가 아쉽게도 115회 생신을 엿새 앞두고 그만 세상을 떠나셨다고 한다. 1885년에 태어나셨으니 무려 3세기에 걸쳐 사신 분이다. 지금까지 세계에서 가장 오래 살았던 인간으로 확인되어 기네스북에 오른 분은 1997년 8월 4일 122년 164일의 생을 마감하고 숨진 프랑스의 잔 칼망 할머니다.

하지만 우리 주변에는 그보다 훨씬 더 오래 살았다는 사람들의 얘기가 수두룩하다. 이집트에 살았던 암 아트와무싸라는 한 어부는 150세까지 산 것으로 알려졌지만 이를 증명할 만한 기록은 없다. 1966년 《라이프》지 기자는 당시 161세라고 주장하던 그루지야 코카서스 지방의 쉬랄리 무슬리모프라는 노인의 이야기를 기사로 싣기도 했다.

영국 웨스트민스터 사원은 위대한 학자, 시인, 화가, 그리고 정치인들만이 묻힐 수 있는 곳이다. 그런데 재미있게도 그 화려한 주검들 틈에 토마스 파라는 농장 하인 출신의 주검이 누워 있다. 오로지 152세를 살았다는 그의 터무니없는 주장이 그를 '위대한 인물'로 만들었다. 그는 자기가 80세까지 총각이었으며 120세에 두 번째 장가를 들었고 130세가 되도록 밭에서 일을 했다고 떠들어 댔다. 이렇다 할 증거도 없이 그의 말만 믿고 무덤 터를 내준 웨스트민스터의 사뭇 성급한 결정은 장수에 대한 인간의 꿈이 얼마나 절실한지를 단적으로 보여 주는 좋은 예다.

우리는 과연 언제부터 늙기 시작하는 것일까? 어느 날부터인가 책을 든 팔을 쭉 뻗어야 글자들이 좀 더 선명하게 보이기 시작하는 사십 줄에 들어서면 우리들 대부분은 늙는다는 걸 실감한다.

노화란 중년에 찾아드는 서글픈 인생의 불청객이 아니다. 문명 사회에 사는 현대인의 경우 출생 첫해의 사망률은 약 1천분의 1에 지나지 않는다. 그러다 열 살쯤에는 4분의 1 정도로 늘어나고 그 후 급격히 증가하여 30대 초반에는 출생률과 맞먹다가 백 살이 되면 우리 중 99퍼센트가 죽고 마침내 115세가 되면 거의 한 명도 남지 않는다.

생물학적으로 보면, 우린 사실 사춘기에 접어들기 직전

인 십 대 초반부터 늙기 시작한다. 인간은 모두 사춘기가 끝나기 무섭게 갈 길을 서두르도록 진화된 동물이다. 젊은 시절 우리를 매력적으로 만들어 더 많은 복제자를 퍼뜨리려던 바로 그 유전자가 어느 순간부터는 우리를 죽음으로 떠밀기 시작한다. 이렇듯 노화란 좀 더 효과적인 번식을 위해 오랜 세월을 두고 자연이 선택한 삶의 책략이다.

인간 유전체의 전모가 밝혀지면 무병장수할 것 같은 기대감에 관련 연구가 활발하게 진행되고 있다. 세포가 분열할 때마다 닳아 없어지는 '텔로미어Telomere'라 부르는 염색체의 끝부분이 마모되지 않으면 늙지 않을 것이라는 생각에 많은 생물학자가 세포의 죽음에 대하여 연구한다.

꿀벌 사회의 일벌과 여왕벌은 유전적으로 보면 별 다름없이 똑같은 암컷으로 태어나지만 수명에는 엄청난 차이를 보인다. 일벌로 성장한 암컷들이 불과 몇 달밖에 살지 못하는 데 비해 여왕벌은 몇 년씩이나 산다. 우리 주변에는 흔히 보약이라 하여 로열 젤리를 복용하는 이들이 적지 않지만 사실 여왕벌이라고 특별한 음식을 먹는 것은 아니다. 벌 생물학자들이 지금까지 연구한 바에 따르면 여왕벌은 그저 중요한 성장기에 더 많이 잘 먹을 뿐이다. 장수의 비결은 어쩌면 지극히 간단한 곳에 있는지도 모른다.

만약 우리가 열 살 때의 젊음과 정력을 그대로 유지할 수만 있다면 평균 1천 2백 세까지 살 것이며, 1천 명 중 한 명은 1만 살까지도 살게 될 것이다. 실제로 지난 수백 년간 인류의 평균 수명은 지속적으로 증가해 왔다. 놀라울 정도로 개선된 공중위생 시설과 현대 의학의 발달 덕분이다. 그러나 이러한 발전이 절대적인 의미에서 인간의 수명을 연장시켜 준 것은 아니다. 수백 년 전에도 115세까지 산 사람들이 있었고 오늘날에도 제일 장수하는 이들이 그저 115세 정도까지 살 뿐이다. 사망률, 특히 아이들의 사망률이 줄어 평균 수명이 늘어난 것이지 절대 수명이 늘어난 것은 결코 아니다.

죽음의 공포처럼 원초적인 것은 없을 것이다. 죽음에 대한 두려움과 죽음 뒤에 찾아올 세계에 대한 막연한 기대가 우리로 하여금 삶의 의미를 생각하게 하고 종교에 의지하게 만든다. 생명 연장의 꿈은 예나 지금이나 마찬가지다. 불로초를 구해 오라고 신하들을 한반도까지 보냈던 진시황도 결국 한 줌 흙으로 돌아가고 말았다.

모두가 2백 세, 3백 세까지 살아서 무얼 어쩌겠다는 것인가. 생물이란 죽지 않으면 모두가 같이 죽게끔 되어 있다. 영원히 죽지 않거나 그저 오래 살기를 원하기보다는 한 백 년을 살더라도 죽기 직전까지 건강하게 살다가 그냥 하루아침에 고통 없이 조용히 갈 수 있는 방법을 연구하는 것이 더 바람직하지 않을까 싶다.

남자가 임신을 대신할 수 있다면

엄마 노릇하는 아빠 해마

몇 년 전 우람한 근육의 남성미를 자랑하는 미국의 남자 배우 아놀드 슈워제네거가 의사의 도움으로 임신을 하는 영화가 있었다. 아내는 아들을 몸속에 품고 있을 때 출산일이 가까워 몸이 몹시 무거워지자 "요즘 생물학이 그렇게 발달했다면서 왜 남자가 임신할 수 있게 못하느냐"고 따지곤 했다. 앞으로 생물학이 더 무서운 속도로 발달하면 아빠의 배 속에서 아이를 키울 수 있는 기술이 개발될지도 모르지만 당분간은 젖먹이동물로 태어난 죄로 여성들이 고생을 더 할 수밖에 없을 것 같다.

실제로 남성의 임신 가능성에 대해 연구하는 생물학자를 개인적으로 알고 있는 것은 아니다. 아직은 남성들이 대체로 생물학계를 주무르고 있는지라 그런 연구를 그다지 서두를 리가 없는 것이다. 하지만 나는 충분히 해 볼 만한 연구라고 생각한다. 정말 그런 기술이 개발되어 임신의 고통을 반씩이라도 나눌 수 있다면 그렇게까지 아내에게 미안해할 이유도 없게 되므로 남편들이 지금보다 훨씬 당당해질 수 있을 것 같다. 임신의 고통을 부부가 함께 나누고 떳떳할 수만 있다면 나는 언제나 그 길을 택하리라.

수정란을 암컷의 태반 속에서 키워야 하는 젖먹이동물의 경우와는 달리 알을 낳는 새, 물고기, 또는 곤충들의 세계에서는 남편도 자녀 양육에 적극적으로 참여하는 경우가 적지 않다. 심지어는 아빠 혼자서 새끼들을 돌보는 일도 허다하다. 새들은 대개 부부가 함께 자식을 기른다. 형이나 누나가 결혼을 미루고 부모를 도와 동생들을 돌보는 새들도 심심찮게 있다. 작은아버지 내외를 돕는 경우도 있다.

물고기의 경우에는 부부가 함께 가정을 이루어 자식을 키우는 경우는 드물다. 대부분은 그냥 알만 잔뜩 낳고 내버려 둔다. 워낙 많이 낳기 때문에 그중 몇몇이 살아남아 대를 잇는 것이다. 자식을 보호하는 물고기의 경우에는 그래서 대개 홀어머니 아니면 홀아버지다. 지금까지 연구된 바에 따르면 예상을 뒤엎고 홀아비가 자식을 떠맡는 경우가 더 많다. 암컷이 먼저 알을 낳고 수컷이 그 위에 정액을 뿌리는 순서로 수정을 하다 보니 엄마는 알 낳기 무섭게 떠나 버리고 미처 못 떠난 아빠가 남게 되는 게 아닌가 싶다.

노린재목에 속하는 곤충들 중에도 가끔 수컷이 혼자 새끼를 기르는 것들이 있다. 그중에서도 특히 십몇 년 전만 해도 우리나라 웬만한 연못이면 그리 어렵지 않게 볼 수 있었던 물장군이란 곤충의 부성애는 각별하다. 이제는 특별히 잘 보존된 몇몇 늪지대에서만 발견되는 이 곤충의 수컷은 여러 암컷들과 짝짓기를 하고 그들의 알들을 모아 아예 등에 업고 다니며 기른다. 늘 안전한 곳으로만 다닐 뿐 아니라 알들에게 충분한 산소를 공급하기 위해 언제나 바삐 발길질을 하며 산다.

바닷속에 사는 물고기의 일종이지만 우리가 흔히 생각하는 물고기의 모습과는 전혀 딴판이고 얼굴이 말의 모습을 닮았다 하여 해마라 부르는 동물이 있다. 해마의 암컷은 교미를 마친 후 수정란들을 수컷의 배에 있는 주머니 안으로 옮겨 놓고는 수컷에게 자식을 키우게 한다. 물론 아빠 해마의 주머니는 젖먹이동물의 자궁이나 캥거루 등의 배주머니처럼 그 속에 젖꼭지가 있는 것은 아니지만, 해마는 때로 임신의 고충을 남편에게 떠맡기고 싶은 우리 여인네들이 생물학에 거는 기대를 이미 어느 정도 실행하고 있는 동물이다.

남편이 잉태의 아픔을 감수해야 한다면 해마의 세계에서는 부인이 도리어 남편에게 미안해해야 할 것이다. 자식을 길러 줄 수컷에게 조금은 저자세일 암컷을 상상할 수 있을 것이다. 꽤 오래전부터 영국 옥스퍼드 대학의 연구진과 미국 터프스 대학 연구진이 다분히 경쟁적으로 해마의 짝짓기에 대해 연구해왔다. 그들의 연구에 따르면 놀랍게도 해마의 세계 역시 다른 모든 동물과 마찬가지로 수컷이 구애를 하고 암컷이 선택한다. 수컷들은 마음에 드는 암컷 앞에서 자기 배주머니를 열어 보이며 사랑을 호소한다. 당신이 나를 선택해 준다면 이 포근한 주머니 속에 당신의 귀여운 아이들을 잘 보호하며 훌륭하게 키워 드리겠노라 하며 온갖 아양을 다 떤다.

동물행동학자들은 암수 간의 구애를 투자의 차원에서 분석한다. 투자를 많이 하는 쪽이 선택권을 쥐는 것은 너무도 당연하다. 거의 모든 동물에서 암컷들이 수컷들보다 훨씬 더 크다. 투자의 차이는 우선 배우자, 즉 난자와 정자에서부터 뚜렷이 드러난다. 식물을 포함하여 이 세상 모든 생물을 통틀어 난자보다 더 큰 정자를 생산하는 경우는 아직 발견되지 않았다.

해마의 경우도 마찬가지다. 값싼 정자를 만든 수컷이 비싼 난자를 만든 암컷에게 미안해하며 사랑을 애걸한다. 또 배 속에 넣어 기른다고 하나 우리 인간처럼 장장 아홉 달을 봉사하는 것은 아니다. 기껏해야 일주일에서 열흘 정도 고생할 뿐이다. 영양분을 제공해야 하는 부담이 있는 것도 아니다. 그저 위험으로부터 보호하는 정도다. 하긴 그 정도의 투자로는 거들먹거리기 어려운 모양이다.

우리도 부부가 임신의 고통을 나누어 갖는 것만으로는 평등한 관계를 갖기 어려울 것이다. 낳아서 기르는 일도 공평하게 나눈다면 모를까.

여왕벌의 별난 모성애

딸에게 집을 내어 주는 여왕벌

벌들의 사회는 거의 전적으로 여자들로만 구성되어 있다. 물론 번식기에 맞춰 수벌들을 만들기도 하지만 그들은 밖에 나가 꿀과 꽃가루를 거둬들이는 일을 하는 것도 아니며 그렇다고 집안일을 거드는 것도 아니다. 따라서 사회 기능면으로 볼 때 수벌은 거의 있으나 마나 한 존재들이다.

그들은 그저 일벌들이 수확해 온 꿀이나 축내다가 산들바람이 부는 어느 따뜻한 날 오후, 장래 여왕벌들이 될 처녀벌들을 찾아 집을 나선다. 그러다가 여왕벌을 만나면 짧은 공중비행 사랑을 나눈 뒤 그리 오래지 않아 세상을 떠나고 만다. 생각하기 나름이겠으나 사뭇 허망한 생애임에는 틀림이 없다.

벌들은 우리 인간을 위시한 다른 많은 동물과는 매우 다른 방법으로 딸 아들을 구별하여 낳는다. 여왕벌은 일생에 단 한 번밖에 갖지 않는 혼인 비행 중 평생 동안 쓸 정자를 비축하기 위해 여러 마리의 수벌들과 교미한다. 맘껏 바람을 피우도록 허락받은 외출인 셈이다. 그렇게 모은 정자들을 몸속에 있는 정자 주머니에 저장했다가 필요할 때마다 조금씩 방출하여 사용한다. 여왕벌이 알을 낳을 때 정자 주머니로부터 정자를 흘려 알을 수정시키면 그 알은 암컷이 되어 일벌이나 장래 여왕벌로 태어난다. 그러나 여왕벌이 정자 주머니에서 나오는 관을 막아 미수정란을 낳으면 그 알은 수벌로 태어난다.

그래서 벌을 생물학적으로 반수이배체 생물이라 부른다. 일벌이나 여왕벌 같은 암컷들은 모두 우리 인간처럼 염색체를 두 벌씩 갖고 있는 2배체 개체들이지만 수벌은 정자에 들어 있는 염색체 한 벌이 없는 관계로 반수체 개체가 되는 것이다. 묘한 성 결정 메커니즘 때문에 벌 사회의 수컷들은 모두 아비 없이 태어난다. 외할아버지는 있으나 친할아버지가 없다. 아들을 낳기 위해 점쟁이를 찾거나 온갖 다른 재래식 방법들을 동원해야 하는 우리 여인들과는 달리 여왕벌은 아들과 딸을 임의로 조절하여 낳을 수 있다. 어렵게 모은 정자를 아끼기만 하면 별 볼 일 없는 아들이 태어나는 것이다.

번식기를 준비하는 군락들은 대개 수벌만 만드는 것이

아니라 상당수의 차세대 여왕벌들도 기른다. 지금까지의 연구에 따르면 왜 같은 어머니인 여왕벌의 딸들로 태어나 누구는 차세대 여왕이 되고 누구는 일벌이 되느냐는 유전적인 차이에 의한 것은 아니다. 단지 일벌들이 어떤 과정을 통해서인지는 몰라도 여러 누이동생들 중 몇을 선택하여 여왕벌로 기를 뿐이다. 또 여왕벌이 될 애벌레들만 먹이는 특별한 로열 젤리가 있는 것도 아니고 그저 좋은 음식을 중요한 성장기에 많이 먹일 뿐이라는 게 지금까지 밝혀진 연구 결과의 전부다.

어머니 여왕벌은 이렇듯 일벌들에게 특별 대접을 받고 크는 여왕벌 애벌레들을 애써 찾아다닌다. 우리 귀에도 희미하게 들리는 아주 애절한 소리를 내며 찾아다닌다. 자기를 찾는 어머니의 애절한 소리를 들은 여왕벌 애벌레도 비슷하게 애절한 소리로 답을 한다. 그런데 놀랍게도 딸의 방을 발견한 어머니 여왕벌은 방문을 찢고 들어가 자기 입으로 딸을 가차 없이 물어 죽인다. 일벌들은 이처럼 시기심에 불타는 여왕벌과 천신만고의 숨바꼭질 끝에 길러 낸 몇몇 동생들을 어느 날 천덕꾸러기 남동생들과 함께 혼인 비행을 위해 날려 보내는 것이다.

그러나 이렇게 떠나간 딸들 중의 하나가 다른 군락에서 날아온 수벌들과 혼인 비행을 마치고 무사히 집으로 돌아오

면 어머니 여왕벌의 태도는 거의 180도로 달라진다. 금의환
향한 딸에게 옥좌를 내어 주고 일벌들의 절반 정도를 챙겨
집을 나선다. 새로운 여왕에게 일꾼들과 집을 주고는 손수
새 집터를 찾아 나서는 것이다.

동물행동학자들의 분석에 의하면 나라를 세워 본 경
험도 없고 통솔력도 부족한 새내기 여왕이 새롭게 시작하
는 것보다는 노련한 앞 세대 여왕이 심복들을 데리고 새 집
을 짓는 것이 훨씬 합리적일 것이라는 얘기다. 우리나라 부
모만큼 자식들에게 희생적인 부모가 없다지만 꿀벌들의 자
식 사랑은 한술 더 뜬다. 다 큰 자식 혼례는 물론, 집까지 장
만해 주는 우리 부모님들이지만 당신이 사시던 집을 내주고
길바닥에 나앉는 부모는 없다. 아마도 벌들 사회의 내 집 마
련이 우리나라보다도 사정이 더 심각한 모양이다.

글을 마치며

스스로 만물의 영장이라 일컫는 우리 인간이 실로 대단한 동물임을 부인할 수는 없습니다. 하지만 생물학자인 제가 보기에는 우린 왠지 갈 길을 서두르는 동물처럼 보입니다.

지구의 역사가 줄잡아 약 46억 년쯤 되는데 그걸 시계 바늘이 한 바퀴 도는 시간, 즉 12시간으로 친다면 우리 인류가 처음 이 지구상에 출현한 것은 11시 59분이 훨씬 지난 때입니다. 그야말로 순간에 '창조'된 동물이지요. 그 동물이 이제 순간에 사라질 준비를 하고 있습니다. 지금 이대로 우리가 환경을 파괴하는 생활을 계속한다면 우린 진정 '짧고 굵게 살다 간 종'으로 기록되고 말 것입니다.

저는 어려서 반성문을 많이 썼습니다. 아버지께서는 농담 반 진담 반으로 그 덕에 제가 글줄이라도 몇 줄 꿸 줄 알게 되었을 것이라고 하십니다. 이 책에 담긴 많은 글은 제가 자연에게 써 올린 반성문들입니다.

제가 감히 인류를 대표할 자격이 있는 것도 아닌데 함께 무릎을 꿇게 해 드렸다면 용서하십시오. 하지만 너무 늦지 않은 미래에 우리가 자연의 지배자가 아니라 그저 일부라는 엄연한 사실을 겸허한 마음으로 받아들이게 되길 빕니다.

그런데 반성문치곤 제 글의 대부분에 이렇다 할 결론이 없습니다. '동물농장'도 아닌데 동물들의 눈으로 감히 인간을 훈계할 생각은 추호도 없기 때문입니다. 그저 자연을 바라보는 눈으로 우리 삶을 뒤집어 보려 했을 뿐입니다. 그런 제 글에 가끔 반론을 제기하시는 독자들이 계십니다. 어떤 독자께서는 더 많은 독자의 의견을 들어 볼 수 있도록 제 글을 인터넷에 띄워도 되느냐고 묻기도 하십니다. 저는 주저 않고 제 글과 나란히 반론도 함께 띄우시라고 부탁합니다. 그래야 토론이 시작될 테니까요.

우리 사회에 토론 문화가 없다고 개탄하는 목소리가 높습니다. 저도 대학에서 강의를 할 때 되도록 토론 위주로 수업을 하려 하지만 쉽지 않은 게 사실입니다. 저는 학생들에게 논술 형태의 시험을 주로 보이는데 가끔 채점에 불만을 표하는 학생들이 있습니다. 그럴 때마다 저는 그들에게 왜 점수를 더 받아야 하는지에 대해 논술 형식의 글을 작성하여 제출하면 읽어 보고 결정하겠노라 말합니다.

어차피 글이란 남을 설득하기 위해 쓰는 게 아니겠습니까. 제가 시범을 보이겠습니다. 다른 의견이 있으시면 글을 보내 주십시오. 그러다 보면 서로에 대해 충분히 알게 되고, 또 사랑하게 될 겁니다.

최재천 올림

알면 사랑한다

가시고기 갈매기 개 개미 고래 고릴라 고양이 과일박쥐 굴 꿀단지개미 꿀벌
도마뱀 돌고래 말 바다오리 바다표범 박새 박테리아 북방코끼리 붉은깃찌르레기
붉은큰뿔사슴 소금쟁이 아즈텍 개미 예수도마뱀 오랑우탄 옴개구리 우담바라
유럽산 찌르레기 진드기 참개구리 참새 채찍꼬리도마뱀 침팬지 코끼리 타조
풀잠자리 피그미침팬지 황소개구리

동물 속에 인간이 보인다

갈매기 개구리 개미 거미 공룡 굼벵이 귀뚜라미 기생충 까마귀 까치
꿀단지개미 나방 누에나방 늑대 달팽이 도마뱀 도토리거위벌레 두꺼비 말벌
매미 맵시벌 맹꽁이 메뚜기 모기 몰몬귀뚜라미 밀어 바다달팽이 바이러스
박테리아 백로 뱀 벌 베짱이 병원균 붉은큰뿔사슴 비둘기 사슴 산호초 솔개
악어 앵무새 여치 염낭거미 영양 올빼미 왕귀뚜라미 조랑말 종달새 쥐 철새
치타 침팬지 풀벌레 하버드쥐 호랑이 휘파람새

생명, 그 아름다움에 대하여

개 개똥벌레 개미 고양이 공룡 까치 꿀벌 나팔꽃 매미 모기 물떼새 반딧불이
뱀 벌 베짜기개미 베짱이 보노보 블루길 새 새우 왕잠자리 원앙 익룡 잠자리
장구벌레 점박이하이에나 제비 침팬지 코끼리 포투리스 반딧불이 표범 해마
휘파람새

함께 사는 세상을 꿈꾼다

개 개구리 개미 고양이 공룡 꿀벌 노린재 도롱뇽 독침개구리 돌고래 두꺼비
말 매미 물고기 물고기 박쥐 벌 베짱이 벼룩 뻐꾸기 사자 소 쇠새 애기똥풀
애매미 얼룩말 여치 영양 왕개미 찌르레기 참매미 청개구리 코끼리 톡토기
하이에나 해마

최재천의 동물과 인간 이야기

생명이 있는 것은 다 아름답다

1판 1쇄 발행 | 2001년 1월 20일
2판 1쇄 발행 | 2003년 6월 10일
3판 1쇄 발행 | 2022년 6월 1일
3판 4쇄 발행 | 2024년 4월 30일

지은이 최재천
펴낸이 송영만
디자인 자문 최웅림
일러스트 김동원

펴낸곳 효형출판
출판등록 1994년 9월 16일 제406-2003-031호
주소 10881 경기도 파주시 회동길 125-11(파주출판도시)
전자우편 editor@hyohyung.co.kr
홈페이지 www.hyohyung.co.kr
전화 031 955 7600

© 최재천
ISBN 978-89-5872-200-7 03470

값 16,000원